AF326099

RECHERCHES

EXPÉRIMENTALES

SUR LE PRINCIPE

DE LA COMMUNICATION LATÉRALE

DU MOUVEMENT DANS LES FLUIDES,

Appliqué à l'explication de différens Phéno-
mènes hydrauliques.

Par le Citoyen J. B. VENTURI,

Professeur de Physique expérimentale à Modène, Membre de la
Société Italienne, de l'Institut de Bologne, de la Société agraire
de Turin, etc.

A PARIS,

Chez {
HOUEL et DUCROS, rue du Bacq, N°. 940.
Théophile BARROIS, rue Haute-feuille, n°. 22.

AN VI. — (1797).

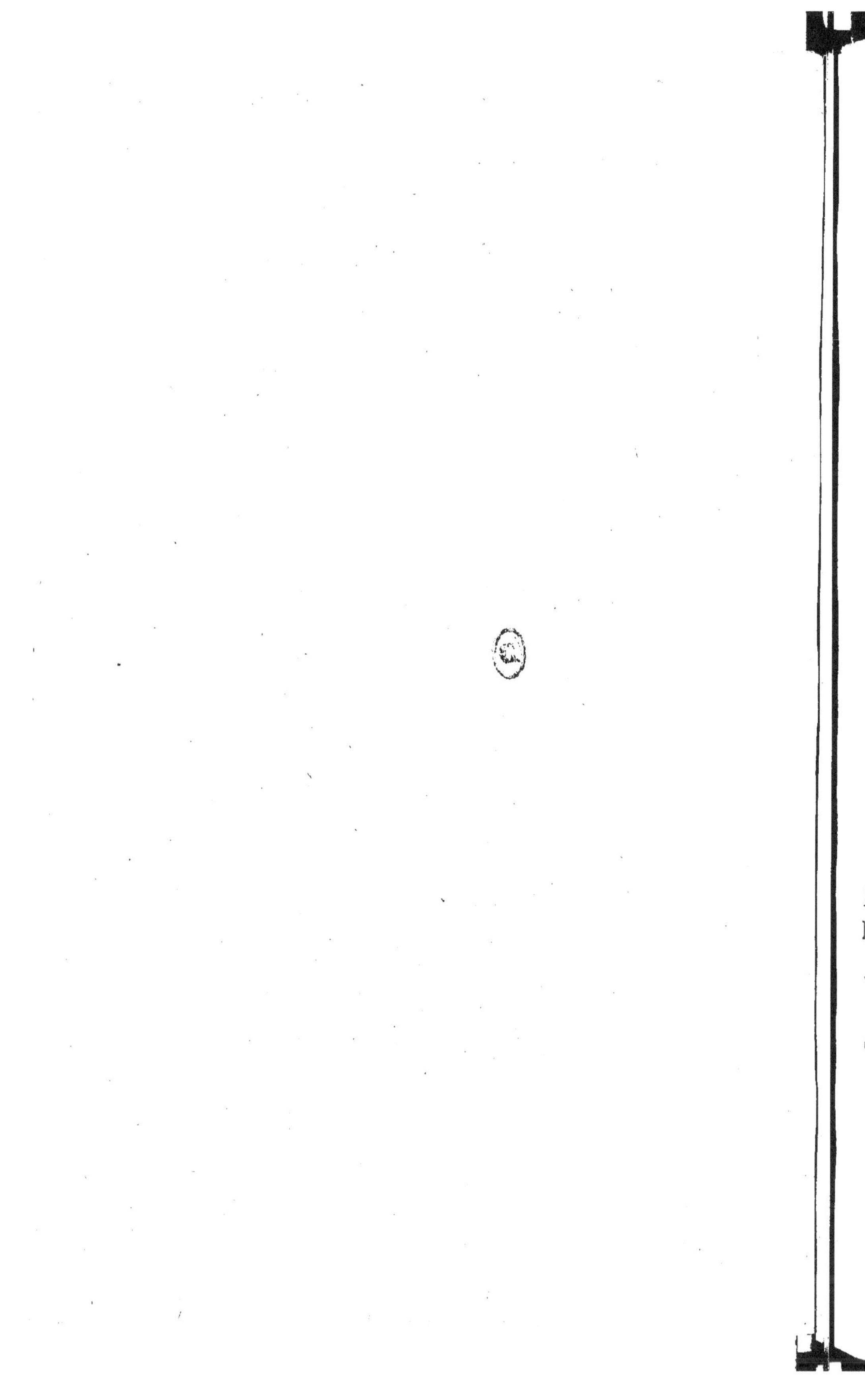

AVANT-PROPOS.

L'APPAREIL, dont j'ai fait usage dans la plupart des expériences, est le même que celui de Poleni (1); il est dessiné dans la figure Iere. : le réservoir X, de forme conique, a le diamètre de 40 pouces en CE, et de 30 en OP. FP est une large plaque de cuivre, dont le plan est perpendiculaire à l'horizon; elle est appliquée à l'intérieur de la paroi du réservoir; la soupape FS, mue par le manche K, va, s'appuyer au-dessus de F contre la paroi du vase, afin de ne point gêner le concours des particules du fluide contenues dans le réservoir à l'ouverture P. J'ai appliqué à cette ouverture différens ajutages, selon l'exigence des cas. Les tuyaux, que j'y ai adaptés, étoient formés de bandes de fer-blanc, de la meilleure espèce; l'union longitudinale des deux côtés de la bande étoit faite par le contact immédiat des coupes; le tout étoit exécuté avec soin. Lorsque l'ouverture étoit percée en mince paroi, l'épaisseur du bord n'excédoit pas un quart de ligne.

---

(1) *De Castellis*. Ce traité est réimprimé dans le vol. III de la collection des auteurs hydrauliques, à Parme.

Le vase supérieur Z entretient l'eau du réservoir X à la hauteur constante de la ligne CE, pendant que l'écoulement se fait par P. On retire plus ou moins le tampon AB, pour régler l'introduction de l'eau provisionnelle. La caisse DL empêche cette eau d'exciter par sa chûte une agitation qui pourroit avoir de l'influence sur l'écoulement en P. L'ouverture Q décharge l'eau superflue qui surmonteroit la ligne CE. La hauteur de la surface CE sur le centre de l'orifice en P, a été de 32,5 pouces, toutes les fois que je n'ai pas marqué autrement.

Une grande partie des expériences que je rapporte, a été faite sous les yeux du public, dans le théâtre physique de Modène; plusieurs connoisseurs ont assisté même aux autres. La manœuvre de l'expérience s'exécutoit par plusieurs personnes à-la-fois. Une de ces personnes comptoit à haute voix les secondes sur une pendule; au moment des $60''$, une autre personne retiroit la soupape FS; une troisième régloit, par le tampon B, l'introduction de l'eau supplémentaire, de manière qu'une mince lame d'eau s'écouloit constamment par Q. Au moment convenu, tout étoit fermé de nouveau. Chaque expérience a été répétée plusieurs fois de suite, et jusqu'à ce que l'accord des résultats ôtât toute crainte d'erreur. Je compte que, même dans les cas les plus compliqués, il n'a pu se glisser plus de $\frac{1}{40}$ d'erreur.

Les mesures indiquées dans le cours de ces expériences, ont été prises sur une toise vérifiée sur celle de l'académie, que le cit. Lalande voulut bien m'envoyer en 1783. Ces mesures, de même que toutes les autres du XVIIIeme siècle, subiront le sort qui leur est préparé par l'établissement du nouveau mètre. On pourra toujours les réduire à ce nouvel étalon, en observant que le pied est au mètre, comme 100 à 308.

Les physiciens les plus sages sont en défiance contre toute théorie abstraite sur le mouvement des fluides, et les grands géomètres même avouent que les méthodes, qui leur ont procuré des progrès si surprenans du côté de la mécanique des corps solides, ne donnent, du côté de l'hydraulique, que des conclusions trop générales et incertaines pour la plupart des cas particuliers. Pénétré de cette vérité, je ne me suis occupé de la théorie qu'autant qu'elle se combinoit avec les faits, et qu'elle étoit nécessaire pour les réunir sous un seul point de vue. On pourra, si l'on veut, se passer même de ce peu de théorie, et ne considérer les pr sitions suivantes, que comme des résultats d'expérience.

Lorsque je cite l'estimable ouvrage du citoyen Bossut sur l'hydrodynamique (1), je le fais sur l'édition de 1786.

---

(2) Je regarde ce traité comme supérieur à tous ceux qui l'ont prcédéé ; il est fondé sur les principes d'expérience et de théorie combinés ensemble. J'ai profité de ces principes, et de quelques remarques particulières, que le même cit. Bossut et le cit. Prony ont bien voulu me communiquer après la lecture de mon mémoire.

RECHERCHES

EXPÉRIMENTALES,

Sur le principe de la communication latérale du mouvement dans les fluides, appliqué à l'explication de différens phénomènes hydrauliques.

PROPOSITION PREMIÈRE.

Le mouvement d'un fluide se communique aux parties latérales qui sont en repos.

Newton a dit, que (1) lorsqu'un mouvement quelconque se propage dans un fluide, et qu'il est arrivé au-delà de l'ouverture BC *(fig. 2)*, « en » partant de cette ouverture comme d'un centre, » le mouvement diverge et se propage en lignes » droites vers les parties latérales N, K, comme » vers S ». On ne pourroit pas faire l'application simple et immédiate de ce théorème à un jet qui s'élance de l'ouverture BC à la surface d'une eau tranquille; il entre dans ce cas des circonstances

---

(1) Princip. math., lib. 2, prop. 42, cas. 3.

qui transforment le résultat du principe de Newton en des mouvemens particuliers. Cependant il est vrai que le jet BC imprime son mouvement aux parties latérales NK ; mais ce n'est pas qu'il les repousse vers PQ, au contraire il le transporte avec lui vers S.

Expér. Iere. Le tuyau cylindrique horizontal AC (*fig.* 3), s'introduit dans la caisse $DEFB$, qui est remplie d'eau jusqu'à DB. Vis-à-vis et à un petit intervalle du bout C, commence un petit canal rectangulaire de fer-blanc $SMBR$, ouvert dans sa partie supérieure SR ; le fond incliné MB va s'appuyer au bord de la caisse B, il a 24 lignes de large, le diamètre du tuyau AC est de 14,5 lignes, le bout A est appliqué à l'ouverture P de la fig. 1ere. Ayant permis l'écoulement du réservoir par le tuyau AC, le jet monte le long du petit canal MB, il s'élance hors de la caisse par BV. On voit naître alors un courant dans le fluide de la caisse $DEFB$; ce fluide entre dans le canal SR, il sort avec le jet AC, par MBV, et en peu de secondes l'eau DB baisse jusqu'en MH.

Expér. II. Approchez quelques corps très-mobiles du jet d'eau PF (*fig.* 1), qui sortant de l'ouverture P, se précipite d'une certaine hauteur dans le vase inférieur RT. On voit que ce corps est entraîné par l'air, qui descend en bas avec le jet PF.

Une partie de cet air va s'ensevelir dans l'eau du vase inférieur.

Ces expériences démontrent assez clairement que le fluide qui sort par BC *(fig. 2)*, imprime son mouvement aux parties latérales NK; il ne les pousse pas vers PQ, il les entraîne avec lui vers S. C'est ce que j'appelle *la Communication latérale du mouvement dans les fluides.* Newton a connu cette communication, il en a déduit la propagation du tournoiement des couches intérieures aux extérieures dans un tourbillon. Est-ce la viscosité et l'adhérence mutuelle des parties du fluide, ou leurs engagement et entrelacement réciproques, ou l'écartement de celles qui sont en mouvement, qui est la cause de cette communication latérale du mouvement ? Nous pourrons peut-être dire quelques mots là-dessus, lorsque nous en aurons vu les effets; maintenant qu'elle qu'en soit la cause, prenons le fait même, comme il nous est donné par l'expérience; considérons le comme un principe, tâchons d'en faire l'application à quelques cas particuliers, et voyons quel en est le résultat.

La première circonstance à laquelle je me propose d'appliquer ce principe, c'est l'augmentation de dépense qu'on observe dans un orifice garni de tuyaux additionnels.

PROPOSITION II.

*Si dans un tuyau additionnel cylindrique, on ré-
trécit la partie qui est du côté du vase, suivant
la forme de la veine contractée de mince paroi,
la dépense est la même que si le tuyau n'avoit
aucun rétrécissement.*

Il est connu que lorsqu'on laisse écouler l'eau
d'un réservoir par un orifice circulaire, percé dans
une paroi mince, la veine fluide qui forme le jet,
se contracte à peu de distance de l'orifice même; le
diamètre de la veine contractée est à-peu-près 0,8
du diamètre de l'orifice. Poleni observa le premier,
qu'en appliquant à l'orifice un tuyau cylindrique
additionnel, ayant le même diamètre que l'orifice, et
la longueur deux à quatre fois plus grande, on
augmente la dépense environ de 100 à 133. Pour
expliquer cette augmentation de dépense, il sup-
posa que la veine fluide se contracte moins dans
les tuyaux que dans les minces parois. C'étoit une
supposition assez raisonnable; cependant elle ne
pourroit pas s'appliquer au cas annoncé par la
proposition; je vais le détailler dans l'expérience
suivante.

Expér. III. A l'ouverture *P* de la figure 1ere,
j'ai appliqué un orifice circulaire de 18 lignes de

diamètre, percé dans une mince paroi; quatre pieds cubiques d'eau sont passés dans le vase V en 41″.

J'ai ajouté à l'orifice un tuyau cylindrique du même diamètre, de 54 lignes de longueur; les quatre pieds cubiques sont sortis en 31″.

J'ai substitué au tuyau cylindrique simple, le tuyau composé de la fig. 5, dont les parties ont les dimensions suivantes en lignes : $AC = GJ = MN = 18$; $DF = 14,5$; $= AB$ 11; $BG = 10$; $GM = 37$; $AM = 58$. Avec ce tuyau composé, la dépense des quatre pieds cubiques d'eau s'est faite en 31″, comme avec le tuyau cylindrique simple.

La forme de la portion conique $ACDF$ est à-peu-près la même que celle de la contraction de la veine, qui sort d'une mince paroi. La veine a donc dû passer par un rétrécissement à-peu-près égal à celui de la veine contractée de mince paroi; et cependant la dépense y a été plus abondante dans la même raison, que par un simple tuyau cylindrique. Il faut donc que la vîtesse de la section DF et de tout le conoïde $ACDF$ soit plus grande que celle de la veine contractée de mince paroi; et il reste à découvrir la cause de cette augmentation de vîtesse, qui se fait dans l'intérieur du tuyau, et qui ne se manifeste pas à l'extérieur.

Le tuyau conique $ACDF$ ne cause de soi-même

aucune augmentation dans la dépense, comme on peut s'en convaincre par la suivante.

Expér. IV. On a appliqué à l'orifice P le seul tuyau conique $ACDF$, dont on avoit séparé le reste $DGMNJF$. Les quatre pieds cubiques sont sortis en $42''$. C'est le tems de la dépense de l'orifice même AC, percé dans une mince paroi, à une seconde près. Cette petite différence naît de ce qu'il est presqu'impossible de construire le tuyau $ACDF$, de telle manière qu'il suive parfaitement la forme de la veine contractée par la nature même.

PROPOSITION III.

La pression de l'atmosphère augmente la dépense d'un tuyau cylindrique simple par rapport à celle d'une mince paroi, quelle que soit la direction du tuyau.

On sait depuis long-tems qu'un fluide grave, qui se meut dans un tuyau cylindrique descendant, tend à accélérer son mouvement; ses tranches inférieures tendent à se détacher des supérieures, elles font par-là que la pression de l'atmosphère augmente la vîtesse des tranches supérieures. Cette accélération successive de gravité ne peut pas avoir lieu dans un tuyau horizontal ou ascendant; cependant nous allons voir que la pression de l'atmosphère agit, même dans ces dernières situations pour augmenter la vîtesse du fluide dans l'intérieur du tuyau. Des questions de droit, suscitées dans mon pays sur la quantité d'eau d'un canal d'arrosement, tournèrent mes vues de ce côté; en 1791, je fis publiquement, dans le théâtre de physique à Modène, les expériences suivantes :

Expér. V. A l'ouverture P *(fig.* 1*)*, j'ai appliqué un tuyau cylindrique ayant 54 lignes de longueur, et 18 lignes de diamètre. A la distance de 9 lignes de l'orifice intérieur P, le tuyau étoit percé sur sa circonférence, de 12 petits trous. Ces petits trous étant ouverts, les quatre pieds cubiques d'eau sont sortis en 41″, tout comme dans une mince paroi ; pas une goutte d'eau ne suinte par les trous, la veine fluide ne remplit pas le tuyau. On a bouché les trous avec de la peau mouillée, un après l'autre ; tant qu'il y a eu un trou ouvert, la dépense a continué de même ; lorsqu'enfin tous les douze trous ont été bien bouchés, la veine fluide sortoit à plein tuyau, et on a tiré les quatre pieds cubiques en 31″.

Expér. VI. Au tuyau cylindrique KLV *(fig.* 6*)*, ayant 18 lignes de diamètre et 57 lignes de longueur, j'ai joint le tuyau de verre $QRST$, à la distance de 8 lignes de l'orifice intérieur K. Le tuyau de verre plongeoit dans une eau colorée contenue dans le vase *T*. Ayant appliqué cet appareil à l'ouverture *P (fig.* 1), les quatre pieds cubiques d'eau sont sortis en $31''$; la liqueur colorée *T* est montée dans le tuyau *TR* jusqu'en *S*, à la hauteur de 24 pouces sur la surface de *T*.

J'ai raccourci la branche *R T* du tuyau de verre, de manière que *RT* étoit plus longue que *RQ* de six pouces seulement. Pour lors ayant permis l'écoulement, la liqueur colorée du vase *T* est montée le long du tuyau *RT*, elle alloit se mêler avec l'eau qui s'élance du réservoir dans le tuyau *KV*, toutes les deux sortoient ensemble par *V*, et en peu de temps le vase *T* a été épuisé.

J'ai répété cette expérience avec le tuyau composée de la fig. 5, et les résultats ont été les mêmes.

Expér. VII. J'ai appliqué le tuyau cylindrique *KLV (fig.* 6*)*, dans une situation ascendante et presque verticale, à l'orifice *R (fig.* 8) de la caisse *HJ*, dont le bout *H* communiquoit par une ouverture assez large à l'eau du réservoir *X* *(fig.* 1*)*. La charge sur l'extrémité supérieure *V* du tuyau étoit de 27,5 pouces ; j'ai incliné un peu le tuyau de la direction verticale , afin que le jet ne retombât pas sur lui-même. Le tuyau de verre *QRT (fig.* 6*)*, dans cette nouvelle situation , a été arrangé de manière à plonger comme auparavant, dans la liqueur colorée du vase T. Ayant permis l'écoulement, la dépense des quatre pieds cubiques s'est faite en 34″ ; la liqueur colorée est montée dans le tuyau $R\,T$ à la hauteur de presque 20 pouces. Avec la même charge de 27,5 pouces, l'orifice de 18 lignes, en mince paroi, auroit fourni les quatre pieds cubiques en 45″.

Expér. VIII. Un vase cylindrique de 4,5 pouces de diamètre avoit, dans ses parois verticales vers la base, une ouverture circulaire de 4,5 lignes de diamètre, percée dans une plaque mince de fer-blanc. La surface de l'eau contenue dans ce vase étoit 8,3 pouces au-dessus du centre de l'ouverture. On a donné issue à l'eau par cette ouverture de mince paroi, sa surface a baissé de 7 pouces dans le vase, en 27″,5 de tems.

On a appliqué à la même ouverture un tuyau cylindrique de même diamètre, de 11 lignes de longueur ; le vase a été rempli à la même hauteur qu'auparavant ; ayant donné issue à l'eau , sa surface a baissé de 7 pouces en 21″.

On a répété ensuite la même expérience dans le récipient de la machine pneumatique , où le mercure ne se soutenoit plus qu'à 10 lignes de hauteur. La surface de l'eau dans le vase a baissé de 7 pouces en 27,"5, soit que l'ouverture fût dans une place mince, soit qu'elle fût garnie du tuyau cylindrique additionnel.

Dans les expériences VI et VII, la hauteur de l'eau colorée, dans le tuyau de verre, mesure la quantité active de la pression de l'atmosphère, qui se déploye sur la surface de l'eau du réservoir X, pour augmenter la dépense. Par exemple, on a, dans la sixième expérience, 32,5 + 24 pouces de charge sur l'orifice P ; et l'on a à-peu-près $\sqrt{32,5} : \sqrt{56,5} = 31'' : 41''$, comme exige la théorie commune des mouvemens des fluides qui sortent des vases par une petite ouverture. Il en est de même de l'expérience VIIe.

Daniel Bernoulli avoit fait l'expérience VII dans les tuyaux descendans, et dans les coniques divergens; il en expliquoit le résultat par sa seule théorie de la conservation des forces vives. Euler et d'Alembert lui remarquèrent que la pression de l'atmosphère s'en mêloit (1). Quoique le cas du tuyau descendant soit différent de celui du tuyau horizontal ou ascendant , la connoissance du premier de ces deux cas peut cependant faciliter la connoissance du second ; d'ailleurs les cau-

---

(1) D'Alembert. Traité des fluides, art. 149.

ses

ses qui agissent dans les deux cas, se trouvent souvent combinées ensemble, et il est nécesaire de bien connoître tous les deux, pour en démêler les résultats. C'est pour cela que dans la proposition suivante, je me détourne un moment de mon sujet principal, pour considérer le premier cas, je reviendrai ensuite au second.

PROPOSITION IV.

Dans les tuyaux cylindriques descendans, dont le bout supérieur suit la forme de la veine contractée, la dépense est celle qui est due à la hauteur du fluide sur le bout inférieur du tuyau.

Les anciens avoient remarqué qu'un tuyau descendant, appliqué à un réservoir, en augmente la dépense(1). Mariotte estima que l'eau sort par CQ *(fig. 7)*, avec une vîtesse qui est à-peu-près moyenne proportionnelle entre les vîtesses dues aux deux hauteurs AB, AC (2). Guillielmini rechercha dans le poids de l'atmosphère la cause de cette

____

(1) *Calix devexus ampliùs rapit.* Frontin. de aquæduct. art. 36. Voyez aussi les pneumatiques d'Héron, dans les mathém. vet. édit. de 1693, pag. 157.

(2) Mouvement des eaux, part. 3, disc. 2.

B

augmentation; il détermina la vîtesse en C, à la quantité due à toute la hauteur AC (1). Dans ses raisonnemens il suppose que la pression en C est la même pour l'état du mouvement, et pour celui du repos; ce qui n'est pas vrai. Dans les expériences qu'il fit sur cet objet, il n'eut égard ni à la diminution de dépense produite par l'inégalité intérieure des tuyaux, ni à l'augmentation occasionnée par la forme des tuyaux mêmes; ce fut un hasard singulier qu'une omission compensât l'autre. Je ne connois, depuis Guillielmini, aucune autre expérience décisive là-dessus; je vais donc rétablir la proposition sur le principe de l'ascension virtuelle combiné avec la pression de l'atmosphère, et cela d'une manière qui soit à l'abri de toute objection, tant du côté de la théorie, que du côté de l'expérience.

Soit $BLKO$ un tuyau conique qui suive la forme de la veine contractée (2); le tuyau cylindrique $LCQK$ a le diamètre même de la contraction. La tranche fluide LK continuant la descente par LC

---

(1) Epist. hydrostatic. Oper. tom. 1, pag. 212.

(2) Lorsque je nomme la *forme de la veine contractée*, on doit entendre toujours le conoïde formé par le fluide au sortir d'un orifice percé en mince paroi.

tend à accélérer son mouvement selon les loix de la gravitation; lors donc qu'elle passe de LK en MN, elle tend à se détacher de la tranche qui la suit, elle tend à faire un vide entre LK et MN; cela arrive de même dans toute la longueur du tuyau LC. La pression de l'atmosphère devient active autant qu'il faut pour empêcher ce vide; elle s'exerce également, et à la surface de la liqueur en A, et à l'extrémité inférieure du tuyau en C; en A elle augmente la dépense, en C elle détruit la somme des accélérations qui se produiroient le long de LC, de manière que le fluide reste continu dans le tuyau.

Appelons T le tems que la colonne fluide continue $LCQK$ met à parcourir le tuyau LC, quelle que soit la vîtesse en L et l'accélération successive de L en C. Et si nous supposons que cette colonne même retourne en haut de D en E, elle parcourra dans le tems même T l'espace $DE - LC$; elle y perdra, dans le même tems, toute l'accélération acquise de L en C. Donc la pression de la colonne ED, continuée pour le tems T, est ce qu'il faut pour détruire l'accélération successive de L en C, et pour empêcher que le fluide cesse d'être continu dans le tuyau LC. Par conséquent la partie de pression que l'atmosphère exerce en CQ pour détruire la somme des accélérations par LC, est égale à la pression d'une colonne ED de fluide homogène à celui du réservoir AB. Et puisque la même pression doit s'exercer sur la surface A du réservoir, si nous prenons $FA = LC$, le fluide aura en LK la vîtesse qui est due à la hauteur $FL = AC$; abstraction faite du retard que doivent produire les inégalités intérieures du tuyau $LCQK$.

Expér. IX. 1°. L'orifice P *(fig.* 1 *)* en mince paroi, est circulaire de 18 lignes de diamètre. La charge du fluide sur le centre de l'orifice est de 40 pouces. Les quatre pieds cubiques d'eau sont sortis en 38″.

2°. J'ai appliqué à l'orifice P *(fig.* 1 *)* le tuyau ACD *(fig.* 4 *)*, dont le bout supérieur AC suivoit la forme de la veine contractée; le diamètre en A étoit de 18 lignes, la longueur AD de 31 pouces, la situation du tuyau étoit horizontale. La dépense des quatre pieds cubiques s'est faite en 48″.

3°. Le même orifice et le même tuyau ont été appliqués au fond horizontal du réservoir *(fig.* 7 *)*, de façon que le tuyau étoit vertical, et AC de 40 pouces, comme la hauteur de la charge dans les deux premiers cas. Les quatre pieds cubiques se sont écoulés en 48″, comme dans le second cas.

Expér. X. On a répété l'expérience précédente avec un orifice circulaire de 11,2 lignes de diamètre; le bout AC du tuyau *(fig.* 4 *)* suivoit la forme de la veine contractée, le bout *A* ayant le diamètre même de l'orifice ; les autres circonstances étoient les mêmes que dans la précédente. On a tiré les quatre pieds cubiques d'eau en 98″ pour le premier cas, en 130″ pour le second, et en 129″ pour le troisième.

Dans chacune de ces deux expériences les tuyaux et les dépenses ont été les mêmes pour le second et pour le troisième cas ; donc la force qui produisoit la dépense étoit la même pour le second et pour le troisième cas. Or la force qui agit dans le second cas est la même que dans le premier ; donc c'est aussi la même force qui agit dans le premier cas et dans le troisième. Toute la différence du résultat entre le premier cas et les deux suivans naît du retard produit par l'inégalité intérieure des tuyaux.

Expér. XI. La hauteur *AB (fig.* 7*)* étant constante de 32,5 pouces, et l'orifice *BO* de 18 lignes de diamètre, on a appliqué à l'orifice même le tuyau *BOCQ*, dont le bout *BLKO* suivoit la forme de la veine contractée. En variant la longueur du tuyau, les tems de la dépense des quatre pieds cubiques ont été comme dans la table suivante :

Longueur du tuyau BC en pouces.	Tems de la dép. des 4 pi. cubiques selon l'expérience.	Tems mêmes selon la théorie, abstract. faite des retardations.	Différence de l'expérience à la théorie.	Retardations calculées sur l'expéri. suivante.
3	41″	40″	1″	1″,3
12	38″	35″,2	2″,8	3″,4
24	35″	31″,2	3″,8	5″.

La cinquième colonne de cette table est calculée sur la proportion des retardemens produits par l'inégalité intérieure des tuyaux, dans l'expérience suivante. Le cit. Bossut a remarqué que ces retardations (1) croissent dans une raison un peu moindre que la vîtesse du jet. C'est peut-être la cause de la différence qu'on observe entre la quatrième et la cinquième colonne.

Expér. XII. J'ai appliqué à l'orifice P *(fig.* 1*)* les tuyaux mêmes de l'expérience précédente, l'un après l'autre, dans une situation horizontale, la hauteur de la charge étant toujours de 32,5 pouces sur le centre de l'orifice. Les tems de la dépense ont été comme dans la table suivante:

Longueur du tuyau BC en pouces.	Tems des 4 pieds cubiques.	Différences.
0	41″	0
3	42″,5	1″,5
12	45″	4″
24.	48″.	7″.

(1) Bossut, Hydrodyn. art. 622.

Je dois observer ici que la viscosité ou adhérence mutuelle des parties de l'eau (1) entre pour bien peu de chose dans l'augmentation de dépense de l'orifice BO *(fig. 7)* par le tuyau additionel BC. Car sitôt qu'on ouvre un trou en K, l'augmentation de dépense diminue ou cesse tout-à-fait, et le fluide cesse d'être continu dans le tuyau.

Reprenons à présent les tuyaux, dans les situations horizontale et ascendante.

PROPOSITION V.

Dans un tuyau conique additionel, la pression de l'atmosphère augmente la dépense, dans le rapport de la section extérieure du tuyau à la section de la veine contractée, quelle que soit la position du tuyau, pourvu que la forme du tuyau comporte dans tout son intérieur la communication latérale du mouvement.

Nous avons vu (Prop. III) que la pression de l'atmosphère augmente la dépense dans des tuyaux additionnels, quelle que soit leur position; il s'agit à présent d'examiner la manière dont l'atmosphère

---

(1) Gravesande et d'autres ont attribué à la cohésion naturelle des particules de l'eau, l'augmentation de dépense dans les tuyaux descendans.

agit pour produire cette augmentation, et d'en déterminer le résultat par sa cause même. Je commence par le cas le plus propre à favoriser l'action de l'atmosphère, qui est celui des tuyaux coniques divergens d'une certaine forme, que nous n'avons pas considérés d'abord.

Soit appliquée à l'orifice de mince paroi l'extrémité AB *(fig.* 10*)* du tuyau $AEBF$. La partie $ABCD$ suit à-peu-près la forme de la veine contractée; on a vu que cette forme de tuyau n'altère pas sensiblement la dépense *(expér.* IV *)*. La veine fluide, qui s'élance par CD, devroit continuer son chemin sous la forme cylindrique CD HG. Mais si les parties latérales du tuyau conique divergent CEG, DFH contiennent du fluide en repos, la veine cylindrique $CDHG$ communiquera son mouvement aux parties latérales *(prop.* 1. *)* de proche en proche et successivement. Et pourvu que la divergence des côtés CE, DF soit celle qui convient à la plus prompte et complète communication latérale du mouvement, tout le fluide contenu dans le cône tronqué CDE F prendra enfin la même vîtesse de la veine qui continue à s'élancer par CD. Dans cette supposition, tandis que la tranche fluide $CDQR$, conservant sa vîtesse et son épaisseur, passeroit en R QTS, il se feroit un vide dans la zone solide R

mrSQnoT. Ou si l'on veut que la tranche CDQ R, conservant sa vîtesse progressive, s'élargisse en $RQTS$, elle ne pourroit le faire sans s'amincir, se détacher de la tranche qui la suit, et laisser entre les deux un vide égal à la zone sur-indiquée. Cela arriveroit de même dans toute la longueur du tuyau CE; et en prenant les Cm constantes, la somme de tous ces espaces vides seroit égale à la zone solide $VExGzYFH$.

Par cette considération on voit que la communication latérale du mouvement cause dans un tuyau conique horizontal ou vertical le même effet, que la gravité produit dans le tuyau descendant de la proposition IV. L'atmosphère rend *active*, ici même, une partie de sa pression sur le réservoir et en EF. Si l'action de l'atmosphère sur le réservoir augmente d'une certaine quantité la vîtesse de la tranche CD, cette vîtesse se communiquera encore à tout le fluide $CDFE$, et la tendance au vide aura lieu comme auparavant; mais puisque l'action de l'atmosphère se déploie également en EF, elle ôtera en EF toute la vîtesse, qu'elle a ajoutée en CD. Il ne s'agit plus que de faire une augmentation de vîtesse en CD, telle qu'étant retranchée sur la même masse et dans le même tems en EF, le fluide ne cesse d'être continu dans le tuyau. On trouve par le calcul que cela arrive, lorsque la vitesse de CD est augmentée en raison de CD^2 à EF^2.

En appliquant les lois générales du mouvement aux filamens fluides latéraux de la veine qui sort par AB, on voit qu'ils tendent à décrire une courbe, laquelle commence au-dedans du réservoir, par exemple en A, et se continue vers CSE. Pour déterminer la nature de cette courbe, il faudroit connoître et combiner ensemble par le calcul la convergence mutuelle des filamens fluides en AB, la loi de la communication latérale du mouvement entre les filamens mêmes, et leur progression divergente de C en E. Ces combinaisons et ces calculs sont peut-être au-dessus de tous les efforts de l'analyse. Tant que le tuyau $ABFE$ n'aura pas la forme de cette courbe suivie par la nature, l'expérience sera toujours plus ou moins en défaut par rapport à la théorie.

Expér. XIII. Le tuyau composé $ABFE$ (*même fig.*) ayant les dimensions suivantes en lignes $AB = EF = 18$; $AC = 11$; $CD = 15,5$; $CG = 49$; et ce tuyau étant appliqué à l'orifice P (*fig.* 1) sous $32,5$ pouces de charge, les quatre pieds cubiques d'eau sont sortis en $27'',5$.

Nous avons vu que, dans les mêmes circonstances, l'orifice percé en mince paroi fournit les quatre pieds cubiques en $41''$ (*expér. III*). La veine contractée est 0,64 de l'orifice. Donc en suivant l'énoncé du théorème, la dépense du tuyau ABF E devoit se faire en 26″,24. L'expérience manque de 1″,26.

Expér. XIV. Entre les deux tuyaux coniques de l'expérience précédente, j'ai interposé un tuyau cylindrique ayant 3 pouces de long, et 15,5 lignes de diamètre. Il est, comme dans la fig. 13, BC entre les deux AB, CD. Ce tuyau a retardé d'une seconde la dépense; elle s'est faite en 28″,5.

Expér. XV. La charge du reservoir étoit toujours de 32,5 pouces, la portion du tuyau $ABCD$ (*fig.* 11) avoit les mêmes dimensions qu'auparavant, le tuyau $CDFE$ avoit 78 lignes de longueur, et le diamètre EF de 23 lignes. A ce tuyau horizontal j'ai ajouté trois tubes de verre; le premier D X en CD; le second NY à la distance de 26 lignes du premier, le troisième OZ à 26 lignes du second; l'extrémité inférieure de ces trois tubes plongeoit dans le mercure du vase Q. Ayant permis l'écoulement, le mercure est monté 53 lignes dans le tube DX; 20,5 dans NY; et 7 en OZ. Ce qui répond à 62 pouces de hauteur d'eau dans DX, 24 pouces en NY, et 8,1 en OZ. La dépense a été de quatre pieds cubiques en 25″.

J'ai coupé la portion $PNFE$ du tuyau, la restante $ABNP$ a donné la même dépense en 31″.

Dans le tuyau conique tronqué $ACPBDN$, la section PN est à la section de la veine contractée (0,64 de la section AB) $= 41'' : 30''$. L'expérience de ce dernier tuyau tronqué ne retarde sur la théorie que de $1''$.

Dans le tuyau entier $CDFE$, nous avons $\sqrt{62 + 32,5} : \sqrt{32,5} = 41'' : 24''$. La différence de 38 pouces de hauteur d'eau dans les deux tubes DX, NY doit naître du mouvement du fluide de C en P; elle est au-dessous de la théorie de $\frac{1}{13}$. Le déchet est successivement plus fort dans les deux portions PQ, QE. La raison en est, qu'en s'éloignant de CD, le jet descend, la communication latérale du mouvement ne se fait plus d'une manière uniforme dans la même section, les différentes parties du courant prennent des mouvemens irréguliers, et même des tournoyemens dans l'intérieur du tuyau; on voit le jet sortir par des soubresauts et des éparpillemens discontinués. On ne sauroit réduire en théorie ces mouvemens irréguliers qui se manifestent d'autant plus que le tuyau est plus long ou plus évasé. Il ne reste qu'à en rechercher les effets par l'expérience.

Expér. XVI. J'ai donné au tuyau $CDFE$ *(même fig.)* 148 lignes de longueur, et 27 lignes au diamètre EF, le reste de l'appareil étant comme dans l'expérience précédente. La dépense des quatre pieds cubiques s'est faite en 21″; l'inégalité et l'irrégularité du mouvement du jet étoient plus grandes dans cette expérience que dans la précédente.

Il a été inutile de prolonger le tuyau *CDFE* au-delà de 148 lignes; le jet alors ne remplissoit pas la partie du tuyau ajoutée au-delà de cette longueur, et la dépense est restée toujours à 21″. C'est une dépense presque double de celle qui avoit lieu en mince paroi; et c'est la plus grande que j'aie pu obtenir par des tuyaux additionnels, dont l'axe avoit une position horizontale, sous une charge de 32,5 pouces.

Il est vrai qu'ayant prolongé le tuyau *CDFE* jusqu'à 204 lignes de longueur, dans une position horizontale, les quatre pieds cubiques sont sortis en 19″. Mais pour obtenir cela, il m'a fallu mettre dans l'intérieur du tuyau en *O*, quelque proéminence qui forçoit le fluide à rejaillir en haut, et remplir ainsi tout le tuyau.

Expér. XVII. Le tuyau horizontal *CDFE* (*même fig.*) étoit plus évasé que dans les expériences précédentes; il avait 117 lignes de longueur, et 36 lignes de diamètre en *EF*; le reste de l'appareil étoit le même qu'auparavant. La dépense s'est faite en 28″; le jet ne remplit pas toute la section *EF*. Le résultat a été le même, en coupant successivement le tuyau; jusqu'à ce que CE n'avoit plus que 20 lignes de longueur, et le diamètre extérieur de 18 lignes. Alors le jet a rempli le tuyau, et la dépense s'est faite de même en 28″.

Ayant donné a CE 20 lignes de longueur, on a augmenté le diamètre extérieur EF jusqu'à 20 lignes. Dans ce cas, la veine s'est détachée des parois du tuyau, la dépense des quatre pieds ne se faisoit plus qu'en 42″, comme dans l'expérience VIeme.

Ces expériences nous apprennent qu'en variant la divergence des côtés du tuyaux, la communication latérale du mouvement a un *minimum* et un *maximum* d'effet. Le *minimum* est indiqué par l'expérience dernière; il paroît que la communication latérale cesse de produire son effet, lorsque les deux côtés du tuyau font entr'eux un angle plus grand que 16 degrés. L'expérience XIII détermine à-peu-près le *maximum* de l'effet, lorsque l'angle même est environ de trois degrés. Ces limites tiennent peut-être aussi un peu à quelque fonction de la vîtesse.

PROPOSITION VI.

Dans les tuyaux cylindriques la dépense est moindre que dans les coniques qui divergent à partir de la veine contractée, et ont le même diamètre extérieur.

La théorie générale est la même pour les deux formes des tuyaux ; mais la perte de force vive est plus grande dans les cylindriques, et l'effet de la communication du mouvement dans ces tuyaux ne peut pas s'approcher de son *maximum*, comme dans les coniques. Soit le tuyau $ACNM$ *(fig. 5)*, qui suit la forme de la veine contractée en $ACFD$; la partie cylindrique $GJNM$ a le diamètre $MN >$ DF. Par le raisonnement de la proposition précédente on démontre que la communication latérale du mouvement tend à faire un vide dans la zone solide $ROYSXQTZ$. Si dans ce tuyau la communication du mouvement se faisoit d'une manière complète, il faudroit que la pression de l'atmosphère, pour empêcher le vide, augmentât la vîtesse de la veine contractée CD, en raison de DF^2 à MN^2.

Mais la forme même du tuyau cylindrique détruit toujours une portion notable de l'effet. Car les filamens fluides AD en se détournant par la

Courbe *DR*, vont frapper brusquement les parois du tuyau *GM* en *R*, il y perdent une partie de leur mouvement. Il se fait dans l'espace *GDR* des tournoyemens, comme dans un bassin où l'eau entre par un canal ; ces tournoyemens sont autant d'effet manqué et de retard sur l'écoulement de la veine. Il en résulte dans le tuyau cylindrique une bien moindre augmentation de dépense que celle qui répond au rapport de DF^2 à MN^2.

Expér. XVIII. On se fera une idée de ces chocs et tournoyemens intérieurs, dans le tuyau cylindrique, et de leurs effets sur l'écoulement du fluide, si l'on fait attention au tableau suivant de la dépense dans différens tuyaux additionnels de situation horizontale. Tous ces tuyaux ont les deux extrémités de 18 lignes de diamètre ; tous ont la même longueur totale de 5 pouces ; tous ont dans leur extrémité intérieure le tuyau conique qui suit la forme de la veine contractée, excepté celui de la fig. 6 ; la charge est toujours de 32,5 pouces sur le centre de l'orifice.

Table des tems employés à tirer quatre pieds cubiques par différens ajutages.

Par l'orifice en mince paroi. . . . . 41″
Par le tuyau simple de la fig. 6. . . . . . 31″
Par le tuyau de la forme de la fig. 5. . . 31″

Ayant

Ayant adouci dans le même tuyau l'évasement

conique $DFJG$. . . . . .3o "

Par le tuyau de la *fig.* 9. . . . . 32",5

Par le tuyau conique de la forme de la *fig.* 10, 27,"5.

Par le tuyau de la fig. 5, la portion $GJNM$ ayant

23,5 lignes de diamètre, et 84 de longueur; le

reste comme auparavant. . . . . . . .27".

On demandera peut-être, si dans l'intérieur du
tuyau cylindrique simple KLV de la *fig.* 6, il y a
la même augmentation de vîtesse, et la même contraction de veine, que dans le tuyau composé de
la *fig.* 5? En raisonnant sur les principes que nous
avons établi, je pense 1º. que dans la tranche KL
de la *fig.* 6, il y a la même augmentation de vîtesse,
que nous avons vu (Prop. 2) avoir lieu dans la
tranche AC de la *fig.* 5. La direction des particules fluides qui passent par ces deux tranches doit
être la même dans les deux cas, puisque cette direction ne peut dépendre que de l'impulsion reçue
dans l'intérieur du réservoir, qui est la même pour
les deux cas. 2º. Dans la *fig.* 6 les particules fluides,
après avoir passé par la tranche KL, commencent
tout de suite a éprouver l'effet de la communication latérale du mouvement; elles doivent donc
dévier latéralement par la courbe Lxz , avant de
parvenir au rétrécissement qu'elles prennent en .
DF *(fig.* 5 *)*, et qu'elles prennent aussi dans

l'orifice de mince paroi. Si l'on imagine un tube de verre YK, qui ait un bout appliqué en K *(fig.* 6 *),* et l'autre bout ouvert dans l'intérieur du réservoir, on verra, que la pression de l'atmosphère qui s'exerce sur la liqueur colorée T, doit agir de même sur la surface du réservoir et se joindre à la pression du fluide dans le réservoir, pour pousser l'eau dans le tube YK, comme elle pousse la liqueur colorée en TS. La pression de l'atmosphère doit augmenter de même l'impulsion de toutes les particules fluides qui arrivent en KL, et par conséquent en augmenter la dépense.

De ce que les chocs et les tournoiemens dans un tuyau cylindrique additionnel détruisent toujours une partie de la force vive du fluide, il s'ensuit, que la colonne fluide sortie du tuyau ne peut jamais avoir la vîtesse totale qui est dûe à la charge actuelle, et que l'on observe presque entière dans les orifices de mince paroi ; et la diminution de vîtesse répond à ce que le temps de l'expérience augmente sur celui de la théorie, comme on peut voir dans la suivante.

Expér. XIX. L'orifice P *(fig.* 1 *)* étant en mince paroi et la verticale PM de 54 pouces, la distance MN du jet étoit de 81,5 pouces. Ayant appliqué au même orifice, le tuyau cylindrique de la *fig.* 5, et la verticale PM étant abaissée du bout extérieur du tuyau, la distance MN s'est trouvé de 69 pouces. Suivant la théorie, la dépense des quatre pieds cubiques par ce tuyau, devoit se faire en $26'',24$, elle s'est faite en $31''$ et il est à-peu-près $31'' : 26'',24 = 81,5 : 69$.

On peut faire la même observation sur une expér. de Michelotti, (tom. 2, pag. 22 et 23). PM étant de 19,33 pieds, et l'eau sortant par l'orifice en mince paroi, MN étoit de 23,2 pieds ; elle n'étoit plus que de 20 lorsqu'on y appliqua un tuyau additionnel cylindrique, qui n'avoit pas même la longueur convenable.

Il est évident que la théorie de la communication latérale du mouvement doit s'appliquer de même aux tuyaux descendans et aux ascendans, toutes les fois que leur forme admet cette communication latérale. Dans les tuyaux descendans il faut joindre l'augmentation de dépense occasionnée par cette raison, à celle qui est produite par l'accélération de gravité, et que nous avons évalué dans la Prop. IV. Dans les tuyaux ascendans la gravité agit en sens contraire, l'effet en doit être retranché de la communication latérale. L'expérience VII appartient aux tuyaux ascendans; en voici d'autres.

Expé. XX. On a appliqué le tuyau $ABFE$ de la *fig.* 11, *expér.* XV, à la place du tuyau $BCQO$ dans la *fig.* 7. La hauteur de l'eau du réservoir sur le bout inférieur du tuyau étoit de 41,5 pouces. Les quatre pieds cubiques d'eau sont sortis en 22″.

J'ai appliqué le même tuyau conique $ABFE$ *(fig.* 11 *)* à l'orifice R *(fig.* 8 *)*, pour former un jet ascendant un peu incliné à la verticale; la hauteur de l'eau du réservoir sur le bout supérieur du tuyau étoit de 23 pouces. La dépense des quatre pieds cubiques s'est faite en 30″.

Le tems de la dépense de l'expérience XV a été de 25″. En la comparant avec celle-ci, on trouve à-peu-près $\sqrt{41,5} : \sqrt{32,5} = 25″ : 22″$. Et $\sqrt{23} : \sqrt{32,5} = 25″ : 30″$.

Expér. XXI. L'orifice R *(fig.* 8*)* étoit circulaire de 4,5 lignes de diamètre; la charge étoit de 31,7 pouces; le jet déclinoit un peu de la verticale. L'orifice étant en mince paroi a fourni un pied cubique d'eau en 161″. Avec un tuyau cylindrique additionnel du même diamètre, et de 10 lignes de longueur, le pied cubique d'eau est sorti en 121″.

Sous une charge de 56 pouces, le même orifice a donné, par le jet vertical, le pied cubique en 123″ lorsqu'il étoit en mince paroi, et en 91″ avec le même tuyau additionnel.

Ces deux résultats combinés donnent, pour la dépense des jets verticaux, un rapport moyen entre la mince paroi et l'ajutage cylindrique de 100 à 134, qui est le rapport même des jets horizontaux.

Expér. XXII. J'ai appliqué le tube de verre Q RT *(fig.* 6*)* au point S *(fig.* 5*)* du tuyau composé $ACMN$, la distance BS étant de 24 lignes. Dans cette situation la liqueur T ne monte plus dans le tube. Cela nous prouve que la translation latérale du fluide dans le tuyau cylindrique se fait bien près de l'endroit où est la veine contractée, et que par conséquent DR va frapper brusquement la paroi GM.

Par cette expérience, nous voyons que la distance BR, à laquelle les filamens obliques DR vont frapper les parois du tuyau, n'arrive pas à 24 lignes. En supposant $DO=20$ lignes, le tems que la particule D met à parcourir l'espace DO, dans mes expériences, est moins de $0'',01$. Décomposons le mouvement curviligne DR, suivant les deux DO, OR; supposons que l'accélération par OR soit uniforme, on trouvera que cette accélération est au moins cinq fois plus grande que celle des graves. Si la force latérale par OR n'etoit que l'attraction mutuelle des parties de l'eau; cette attraction dans la particule D devroit vaincre non-seulement l'inertie de la particule même, mais aussi celle des autres particules plus proches de l'axe qui suivent D dans sa déviation par DR, et leur imprimer une somme d'accélération beaucoup plus grande que celle de la gravité. Or la force d'attraction d'une particule d'eau n'est pas plus grande que la gravité naturelle d'un filet aqueux de la longueur d'une ligne tout au plus. Donc la communication latérale du mouvement, qui est la cause de l'accélération par OR, est un effet beaucoup plus grand de ce qui pourroit être produit par l'attraction mutuelle des particules de l'eau.

PROPOSITION VII.

Par des ajutages convenables appliqués à un tuyau cylindrique de dimension donnée, on peut augmenter sa dépense dans le rapport de 10 à 24, sous la même charge.

Je détaillerai ici les différentes précautions qu'il convient de prendre lorsqu'on veut que la dépense d'un tuyau cylindrique, de longueur donnée, soit la plus grande possible.

1°. Le bout intérieur du tuyau AD *(fig.* 13*)* doit être garni en AB d'un entonnoir conique, qui suive la forme de la veine contractée (1); cela augmente la dépense du tuyau de 10 à 12,1. Toute autre forme d'entonnoir donne moins; s'il est trop évasé en A, la contraction va se faire au-delà de

____

(1) Bossut, art. 509.

B, elle y forme une section de veine plus petite que la section du tuyau.

2°. A l'autre extrémité du tuyau *BC*, appliquez un tuyau conique tronqué *CD*, dont la longueur soit à-peu-près neuf fois le diamètre *C*, et le diamètre extérieur *D* soit 1, 8 *C*. Ce tuyau augmentera l'écoulement de 12,1 à 24 *(expér.* XVI*)*. Ainsi voilà la dépense augmentée par les **deux** ajutages *AB*, *CD* en raison de 10 à 24.

A Rome, les particuliers achetoient le droit de dériver de l'eau des réservoirs publics dans leurs maisons ; la loi leur défendoit de faire le tuyau de conduite plus grand que l'ouverture qu'on leur avoit accordée dans le réservoir, jusqu'à la distance de 50 pieds (1). Le législateur savoit donc qu'un tuyau additionnel plus grand que l'orifice, augmente la dépense; mais il ne s'étoit point apperçu qu'on pouvoit frauder la loi tout de même, en appliquant le tuyau *CD* au-delà des cinquante pieds.

De cette seconde règle nous apprenons qu'il convient de ne pas faire, dans les appartemens, les tuyaux de cheminée trop grands; il suffit de les élargir dans le haut des habitations, suivant la for-

____

(1) Frontin. de aquæduct. art. 205, 106 et 112.

me *CD (fig.* 13 *)* ; cet évasement supérieur nous débarassera très-bien de la fumée, même lorsqu'on ne peut pas donner aux foyers des étages supérieurs des tuyaux de cheminée assez longs. Il en est de même pour les fourneaux chimiques à grand feu.

3°. Le tuyau *BC* doit être rectiligne sans coudes ni sinuosités. Aux expériences que Bossut a faites là-dessus (1) j'ajoute la suivante.

Expér. XXIII. Les deux tuyaux *ABC , DEF* *(fig.* 14 *)* ont 15 pouces de longueur ; leur diamètre est de 14,5 lignes. Les portions coniques *A , D* suivent la forme de la contraction de la veine, elles sont appliquées à l'orifice *P (fig.* 1 *)* de 18 lignes de diamètre, avec 32,5 pouces de charge ; les coudes *BC , EF* se font dans le sens horizontal. Ces deux tuyaux sont de cuivre soudé en argent, exécutés avec soin ; la courbure *BC* a été tirée en quart de cercle, en remplissant le tuyau avec du plomb fondu, afin qu'il conserve son diamètre dans la courbure ; le coude *DCF* est à angle droit. La dépense de ces deux tuyaux a été comparée avec celle d'un tuyau cylindrique rectiligne de même condition. On a obtenu les quatre pieds cubiques

---

(1) Art. 631 et suiv.

d'eau en 45″ avec le tuyau cylindrique ; en 50″ avec le tuyau curviligne *ABC* ; et en 70″ avec le tuyau coudé *DEF*.

4°. Il est important que le tuyau *BC (fig.* 13*)* soit d'un diamètre égal dans toute sa longueur ; il ne suffit pas de le rendre exempt d'étranglemens, il faut aussi avoir attention qu'il ne soit renflé nulle part ; car les renflemens nuisent à la dépense presque autant que les rétrécissemens. Le tuyau *AO (fig.* 12 *)* fournit beaucoup moins de fluide avec les dilatations *DE, HI*, que s'il étoit d'un diamètre égal à *B* dans toute sa longueur. En voici une expérience d'accord avec la théorie.

Expér. XXIV. L'orifice circulaire *A (fig.* 12 *)* suit la forme de la contraction de la veine, le reste du tuyau est interrompu par des gonflemens variqueux ; ce tuyau est appliqué à l'ouverture *P (fig.* 1 *)* ; les dimensions de ses parties mesurées en lignes sont les suivantes. Diamètre de *A* = 11,2. Diamètre de *B, C, F, G* etc. = 9 ; longueur de *BC = FG* etc. = 20 ; longueur de *CD = EF = GH* etc. = 13. Diamètre des *varices* = 24. La longueur de chacune des *varices* a été variable, la première fois elle a été de 38 lignes, la seconde fois de 76, le résultat de l'expérience a été le même pour les deux cas.

Nombre des varices.	Tems de la dépense des 4 pieds.
0	109″
1	147″
3	192″
5	240″

J'ai ensuite appliqué au même orifice un tuyau ayant la même forme et le même diamètre que A BC, mais tout cylindrique et sans varices, dont la longueur etoit de 36 pouces, tout comme le tuyau de 5 varices. Dans ce cas la dépense des 4 pieds cubiques s'est faite en 148″.

Lorsque le fluide passe de C au milieu de la varice DE, une partie du mouvement diverge de la direction CF, il se porte aux parties latérales de la varice ; cette portion se perd en tournoyemens, ou contre les parois. Par conséquent il reste autant moins de vîtesse dans la branche suivante FG. C'est la raison même qui détruit ou affoiblit le pouls dans les artères au-delà des aneurismes.

De cette considération il faut conclure, que si les aspérités intérieures d'un tuyau diminuent la dépense, le frottement de l'eau contre les aspérités mêmes n'y entre pas beaucoup. Un tuyau rectiligne pourroit avoir ses parois internes très-polies, il pourroit avoir dans toute sa longueur un diamètre toujours plus grand que l'orifice auquel il est appliqué, il retarderoit cependant de beaucoup la dépense, s'il est variqueux. C'est une circonstance très-intéressante, à laquelle peut-être on n'a pas assez pris garde dans la construction des machines hydrauliques. Il ne suffit pas d'y éviter les coudes et les rétrécissemens, on perd quelque fois, par un gonflement intermédiaire, tout l'avantage qu'on s'é-toit procuré par d'autres dispositions ingénieuses des parties de la machine.

PROPOSITION VIII.

Dans les soufflets d'eau, l'air est fourni à la forge par l'accéleration de gravité, et par la communication latérale du mouvement combinés ensemble.

L'académie de Toulouse, en 1791, invita les physiciens à déterminer la cause et la nature du vent que l'on produit par la chûte d'eau, dans certaines forges. Je me propose de développer ici l'action complète de ce genre de soufflets, et de rechercher quelle en est la meilleure construction. Kircher est le premier que je sache qui ait expliqué le vent produit par les chûtes d'eau (1); Bar-

(1) Mundus subterr. lib. 14, c. 5, édit. de 1662.

thés, le père, en a donné une théorie qui me paroît défectueuse à plusieurs égards (1). Diétrich a pensé que ce vent étoit produit par la décomposition de l'eau (2); Fabri eut une idée analogue dans le siècle passé (3). Du reste, ces soufflets sont connus de la plupart des physiciens (4).

Je commence par une idée, dont le fond n'avoit pas échappé à la pénétration de Léonard de Vinci. Que des boules égales se meuvent, l'une en contact de l'autre, sur la ligne horizontale AB (*fig.* 15), que chacune y parcoure d'un mouvement uniforme, l'espace de quatre boules en une seconde. Prenons BF de 16 pieds anglais; à chaque seconde, quatre boules tomberont de B en F, et leurs distances respectives, en tombant, seront à-peu-près $BC=1$, $CD=3$, $DE=5$, $EF=7$. Voilà une représentation bien sensible de la séparation et de l'éloignement successif, que l'accélération de gravité met entre les corps qui tombent l'un après l'autre.

L'eau de pluie sort des gouttières par un courant continu; en tombant elle se sépare en couches dans

___

(1) Mémoires des savans étrangers, vol. 3, p. 378.
(2) Gîtes de minerai des Pyrénées, p. 48 & 49.
(3) Physic. tract. 1, lib. 2, prop. 243.
(4) Art des forges, part. 2. Mariotte, des eaux, part. 1, disc. 3. Transact. N°. 473, etc.

le sens vertical, elle vient frapper le pavé par des coups discontinués. L'eau même se divise et s'éparpille encore dans le sens horizontal ; le courant qui sort de la goutière n'a qu'un pouce de diamètre, il vient frapper dans le pavé l'espace d'un pied. L'air qui se trouve entre les séparations verticales et horizontales de l'eau qui tombe, est poussé, entrainé en bas ; de nouvel air succède latéralement, il se fait en bas un vent tout autour de l'endroit frappé par l'eau. Je me suis avancé au pied des cascades qui tombent du glacier de la Roche-Mélon, sur la pierre nue à la Novalèse vers le Mont-Cénis, on y a de la peine à résister à la force du vent. Si la cascade donne dans un bassin, l'air est entraîné au fond, il en rejaillit avec violence, il disperse l'eau tout autour sous la forme de brouillard.

L'eau qui se précipite dans des creux intérieurs des montagnes y entraîne de l'air, qui sortant ensuite par des trous au pied de la montagne, produit ces soufflets naturels, ces *ventaroli* (1), qu'on observe plus fréquemment dans les montagnes volcaniques, parce qu'elles ont plus souvent des creux à l'intérieur.

---

(1) Quelques fois ces *ventaroli* sont l'effet de l'inégalité de température entre l'air de la caverne et l'air extérieur.

Soit un tuyau *B C D E (fig.* 16 *)*, par lequel l'eau d'un canal *A B* tombe dans le récipient inférieur *M N*. Les parois du tuyau ont tout autour des ouvertures, ou l'air entre librement pour suppléer celui que l'eau entraîne dans sa chûte. Ce mélange d'eau et d'air va frapper sur un tas de pierre *Q ;* en réjaillissant par toute la largeur du récipient *M N*, l'eau se sépare de l'air, elle tombe au fond en *X Z*, et va se décharger dans le canal inférieur par une ou plusieurs ouvertures *T, V.* L'air étant moins pesant que l'eau, surnage dans la partie supérieure du récipient, poussé dans le tuyau *O* il va animer la forge.

Expér. X X V. J'ai formé un de ses soufflets artificiels en petit; le tuyau *B D* avoit deux pouces de diamètre, et quatre·pieds de hauteur. Lorsque l'eau remplissoit exactement la section *B C* et que toutes les ouvertures latérales du tuyau *B D E C* étoient bouchées, le tuyau *O* ne donnoit plus aucun vent du tout.

Il est donc évident, que dans les tuyaux ouverts, le vent vient tout de l'atmosphère, et aucune portion n'en est engendrée par la décomposition de l'eau. On ne sçauroit décomposer l'eau et la transformer en gas par la simple agitation et percussion mécanique de ses parties. Par conséquent l'opinion de Fabri et celle de Diétrich, n'ont aucun fondement dans la nature ; elles sont même démenties par l'expérience.

Il ne s'agit plus que de rechercher les circonstances propres à pousser dans le récipient MN la plus grande quantité d'air, et de mesurer cette quantité. Les circonstances qui favorisent la plus abondante production du vent, sont les suivantes.

1°. On sait que dans la parabole, prenant dx constante, dy décroît en raison de $\frac{1}{\sqrt{x}}$. L'éloignement des boules (*figure* 15), s'opère plus dans les espaces supérieurs de la chûte que dans les inférieurs. Donc pour obtenir le plus grand effet de l'accélération de gravité, il faut que l'eau commence à tomber en BC (*fig.* 16) avec la moindre vîtesse possible, et que la hauteur de l'eau FH soit seulement celle qui est nécessaire pour entretenir pleine la section BC. Je supposerai que la vîtesse verticale de cette section soit dûe à une hauteur égale au diamètre BC.

2°. Nous ne connoissons pas encore par une expérience directe, jusqu'à quelle distance latérale peut s'étendre la communication du mouvement entre l'eau et l'air ; mais on peut admettre avec confiance, qu'elle peut avoir lieu dans une section double de la section primitive, avec laquelle l'eau entre dans le tuyau. Supposons que la section du tuyau $BDEC$ soit double de la section de l'eau en BC ; et afin que la veine fluide s'étende et se divise par toute la section double du tuyau, on met en BC quelques barres ou une grille, qui distribue et éparpille l'eau par tout l'intérieur du tuyau.

3°. Puisque l'air doit se mouvoir dans le tuyau O avec une certaine vîtesse, il faut le comprimer dans le récipient; cette compression sera proportionnée à la somme des accélérations qu'on aura détruites dans la partie inférieure KD du tuyau. En prenant $KD=1,5$ pieds, on aura de quoi donner à l'air une vîtesse suffisante dans le tuyau O. Les parois de la portion KD, de même que celles du récipient MN doivent être exactement fermées de tout côté.

4°. Les ouvertures latérales dans le reste BK du tuyau peuvent être disposées et multipliées, surtout à la partie supérieure, de manière que l'air ait un accès assez libre à l'intérieur du tuyau. Je les supposerai telles, qui $0,1$ pied de hauteur d'eau suffisent pour imprimer à l'air la vîtesse de son introduction dans les ouvertures.

Toutes ces conditions étant observées, et en supposant le tuyau BD de forme cylindrique, on demande la quantité d'air qui passe dans un tems donné par la section circulaire KL. Nommons, toujours en pieds, $KD=1,5$; $BC=BF=a$; $BD=b$. Par la théorie commune des graves, la vîtesse

en

en KL sera $7,76\sqrt{(a+b-1,4)}$; la section circulaire $KL=0,785a^2$. En admettant que l'air en KL ait pris la même vîtesse que l'eau, la quantité du mélange d'eau et d'air qui passe dans une seconde par KL est $=6,1\ a^2\sqrt{(a+b-1,4)}$. Il faudroit diminuer la quantité $(a+b-1,4)$ de la hauteur qui répond à la vîtesse que l'eau doit perdre par la portion de son mouvement communiqué à un air latéral toujours nouveau; mais c'est une quantité si petite, qu'on peut très-bien la négliger dans le calcul. L'eau qui passe, dans le même tems d'une seconde, par BC est $=0,4a^2\sqrt{(a+0,1)}$. Par conséquent la quantité d'air qui passe dans une seconde par KL sera $=6,1\ a^2\sqrt{(a+b-1,4)}-0,4\ a^2\sqrt{(a+0,1)}$ en prenant l'air même dans l'état de sa compression ordinaire sous le poids de l'atmosphère. Il conviendra, dans les applications pratiques, de diminuer cette quantité d'un quart, 1°. à cause des chocs que l'eau éparpillée souffre contre les parois intérieures du tuyau, et qui lui font perdre une partie de son mouvement, 2°. parce qu'il doit arriver que l'air en LK n'ait pas acquis dans toutes ses parties la même vîtesse que l'eau.

Si le tuyau O ne décharge pas toute la quantité d'air qui est fournie par le soufflet, l'eau baissera en XZ; le point K montera plus haut dans le tuyau, l'affluence du vent diminuera, et une partie du vent

D

même sortira par les ouvertures latérales inférieures du tuyau *BK*.

Je ne m'arrêterai pas à examiner la perfection
plus ou moins grande des différentes formes de
soufflets à eau, dont on fait usage dans les forges,
tels que ceux à la Catalane, etc.; il sera facile de
prononcer là-dessus, d'après les principes que nous
avons établi.

PROPOSITION IX.

*On peut, par le moyen d'une chûte d'eau, obte-
nir sans machines l'écoulement des eaux d'un
terrein, quoique ce terrein reste plus bas
que le courant établi du canal inférieur à
la chûte.*

Le moyen est indiqué par l'expérience première.
Nous avons vu que l'eau contenue dans la caisse
DEFB (fig. 3) sort par le canal *MBU*, qui est
supérieur à la surface de l'eau même, parce que
le fluide qui s'élance par *AC* entraîne avec lui
l'eau contenue dans la caisse.

Dans les chûtes artificielles que l'on procure
dans les canaux pour mettre en mouvement des
moulins, lorsque l'eau se précipite dans une conduite rectangulaire de planches de bois *DBCF*
(fig. 17), située presque horizontalement au milieu

du canal inférieur , la surface de l'eau en K est
d'un ou deux pieds au-dessous du courant inférieur
FL (1). L'eau en F tend à refluer et à descendré
par FK, mais le courant, par son action latérale
l'emporte continuellement, et ne lui permet pas
de se glisser jusqu'en K. Si l'on pratique une
ouverture G dans les parois latérales de la conduite, on pourra y faire écouler les eaux d'une
campagne plus basse que le courant du canal
inférieur FL. J'ai proposé une fois, avec quel-
ques-uns de mes collègues, dans une commission,
l'application de ce principe à un cas de pratique ;
on a adopté le projet, et l'écoulement y réussit
très-bien.

La conduite rectangulaire $DBFC$ doit être pro-
longée d'une certaine quantité le long du canal
inférieur, autrement l'eau pourra refluer de F en
K, et mettre un obstacle à l'écoulement par G.
Les meûniers connoissent l'utilité de ce prolongement ; l'expérience leur a appris que ce prolongement empêche dans les crues que les eaux ne
regorgent aussi-tôt dans la conduite, et n'arrêtent
le mouvement de la roue extérieure. Pour cela ils

---

(1) On avoit déjà remarqué cet abaissement de niveau
en K. Guillielmini, della natura dè Fiumi, cap. 7, fig. 46.
Bossut, art. 721.

construisent le bord de la conduite DF à la hauteur des eaux que le moulin peut supporter. La ville du Final, dans le Modénois, m'ayant chargé de donner à une partie des eaux du Panaro un changement de cours que les circonstances de la ville exigeoient, j'ai profité de ce prolongement du coursier DF, combiné avec d'autres artifices, pour soutenir l'action des moulins dans le nouveau canal ; j'ai réussi non seulement au-delà de ce que le peuple croyoit, mais au-delà de ce que j'avois moi-même espéré.

PROPOSITION X.

Les tournans d'eau dans les rivières sont l'effet du mouvement communiqué des parties du courant qui sont plus rapides aux parties latérales plus tranquilles.

Peu d'auteurs ont examiné la cause et les effets des tournans d'eau dans les rivières ; et ceux qui ont entrepris de le faire ne paroissent pas avoir été heureux dans leurs recherches.

L'eau qui se meut dans le canal MNH *(fig.* 19*)* rencontre l'obstacle BA ; elle y forme un remou, elle va se décharger par AC avec une vîtesse augmentée par la hauteur du remou supérieur. Que l'eau soit dormante en $BDCA$, le courant AC

communique son mouvement aux particules latérales *E (Prop.* 1) ; il les transporte en avant,
la surface de l'eau dormante s'abaisse en *E*, les
particules les plus éloignées vers *D* sont poussées
suivant les lois de l'équilibre des fluides, elles
viennent remplir le creux, le courant *AC* les entraîne encore, l'espace *BDCA* va s'épuiser. L'eau
du courant *AC*, en vertu des mêmes lois, éprouve
une force constante, qui la pousse vers le creux *E*,
tandis que le mouvement de projection la porte
par *AC ;* animée par ces deux forces, l'eau même
AC prend un mouvement curviligne en *CD*, elle
descend comme par un plan incliné; rétrogradant
par *DE*, elle iroit choquer contre l'obstacle *BA*
et le courant *AC ;* et après quelque balancement
elle s'y mettroit en équilibre et en repos. Mais le
courant *AC* continue son action latérale; il entraîne pour la seconde fois l'eau revenue par *CD*
en *E*, il la contraint de renouveler son mouvement par la courbe *CDE*. Et le tournoiement
continue toujours.

Si la rivière passe par un rétrécissement de son
lit en *N*, elle produit des tournans d'un côté et
de l'autre en *P* et en *Q*, comme nous avons vu
arriver en *DC*.

Que le fil de l'eau, après avoir frappé le bord
GH, s'en éloigne pour prendre une nouvelle di-

rection *HS ;* la communication latérale du mouvement excitera les tournoiemens dans l'angle de réflexion *R.*

Lorsque deux courans de vîtesse inégale se rencontrent obliquement au milieu de la rivière, le courant plus rapide produit de même les tournoiemens sur le courant moins rapide.

Qu'un canal soit creusé dans un lit de profondeur inégale. Si la coupe longitudinale des inégalités du fond a les côtés en pente douce, comme *ABC (fig.* 20 *),* l'eau supérieure imprime son mouvement, par communication latérale, à l'eau inférieure qui est près du fond au-dessous de la ligne *AC ;* le cours s'établit dans toute la profondeur de la section *MB.* Ensuite le courant qui s'est formé près du fond en *B* est détourné de sa direction par la pente *BC ,* il va réjaillir au-dessus de la surface en *Q ,* il y forme quelquefois une gerbe, une espèce de tourbillon vertical. Si les extrémités du creux sortent brusquement du fond, comme *DE , FG ,* il se forme au fond même des tournoiemens dans le sens vertical en *D,* et quelquefois aussi en *G.* On peut observer ces phénomènes dans un canal artificiel qui ait les parois de verre.

Chaque tournoiement détruit une partie de force vive dans le courant de la rivière. Car l'eau qui descend par un mouvement rétrogade dans le

plan incliné *CDE, (fig.* 19*)*, ne peut être rétablie
dans la direction du cours de la rivière que par
une nouvelle impulsion. C'est comme une boule
qu'on force à monter sur un plan incliné, d'où
elle retombe toujours pour recevoir de nouvelles
impulsions. C'est le travail de Sisiphe.

Je tire de-là, pour première conséquence, que,
*dans une rivière de cours permanent, où il y a
des sections inégales, l'eau se tient plus haute
qu'elle ne feroit, si toute la rivière étoit rétrécie
également, à la mesure de sa plus petite section.* La cause de ce phénomène est la même que
celle qui retarde la dépense dans le tuyau variqueux (*prop.* VII, n°. 4). L'eau qui descend du
réversoir *N* dans le bassin *P Q (fig.* 19*)*, y perd
presque toute la vîtesse qu'elle a acquise en descendant de *N*, bien que le reversoir ait, du côté
d'aval, une pente curviligne qui dirige la vîtesse
de l'eau dans le sens horizontal. Guillielmini a
très-bien remarqué qu'une chûte n'influe pas sur
l'établissement du lit inférieur ; ce sont les tournoiemens de l'eau dans le bassin *P Q* qui détruisent la vîtesse produite par la chûte ; cette
vîtesse a creusé le fond et élargi le lit du canal en
P Q ; les tourbillons s'y forment d'un côté et
de l'autre, au fond et à la surface, dans les sens
horizontal et vertical. Il seroit inutile de vouloir

s'opposer à ce que le canal se creusât et s'élargît ; en y formant des constructions resserrées ; le bassin alors s'ouvriroit au bout de ces constructions.

Que le canal ait plusieurs rétrécissemens et dilatations successives M, N, sans cascade ni réversoir; il y aura encore, à chaque dilatation, des tournans et une perte de vîtesse plus grande que si le canal avoit une section uniforme, égale à celle qui est en M ou en N. Il faudra donc que la surface de l'eau, après chaque dilatation, s'élève, afin d'y recouvrer la vîtesse qu'elle a perdue par les tournoiemens. Si nous appelons a la hauteur dont l'eau a besoin pour recouvrer sa vîtesse, au-delà de l'élévation qui seroit nécessaire pour vaincre les retardations d'un lit de section uniforme, et que le nombre des dilatations égales et successivement alternées soit m, la hauteur du regonflement dans la rivière dilatée alternativement, sur la même rivière retrécie uniformément, sera $= a\, m$. Dans cela, je suppose que la rivière ait son fond établi. Si ce fond est de nature à pouvoir être attaqué par le courant, le lit se creusera dans les retrécissemens, et les matières emportées se déposeront dans les élargissemens.

La seconde conséquence, que je tire du principe que j'ai établi sur la perte de force vive causée par les tournoiemens, est assez importante dans la théorie des rivières ; elle paroît avoir été négligée par ceux qui ont traité cette matière. Le frottement de l'eau, le long des rives mouillées et sur le fond des rivières, n'est pas, à beaucoup près, la seule cause du ralentissement de leurs cours, qui, par conséquent, exige une pente continuée pour se soutenir. Une des causes principales, et plus fréquentes de retardement dans une rivière, vient aussi des tourbillons qui s'y forment sans cesse partout, et dans les dilatations du lit, et dans les creux du fond, et par les inégalités du bord, et par les coudes, et par les courans qui se croisent, et par des filets aqueux de vîtesses différentes, qui se rencontrent. Une bonne partie de la vîtesse du courant est employée ainsi à rétablir un équilibre de mouvement, qu'elle - même dérange continuellement.

PROPOSITION XI.

Si l'eau d'un réservoir, qui s'écoule par un orifice horizontal, est animée par quelque mouvement étranger, elle forme un tourbillon creux au-dessus de l'orifice même.

Le citoyen Bossut a très-bien décrit cette espèce de tourbillons (1); ils sont de nature différente de ceux que nous avons considérés dans la proposition précédente ; mais la cause y a quelque rapport, et c'est pour cela que je me propose ici de les considérer plus en particulier.

Soit le plan horizontal DQ *(fig.* 18*)*, assez proche de l'orifice EF, par où s'écoule le fluide du réservoir MN. Une particule fluide D, située dans ce plan, a un mouvement DB, incliné sur l'axe AB; ce mouvement peut se décomposer dans les deux DC, CB; supposons que le plan DQ descend parallèlement à lui-même, le long de l'axe, avec le mouvement CB ; il nous reste à examiner le mouvement DC de la particule D sur le plan DQ. Ce mouvement imprime, à toutes les particules situées sur le plan DQ, une force centripète pour s'approcher du centre C.

----

(1) Hydrod. n°. 432.

(59)

Qu'on imprime aux particules mêmes un autre mouvement horizontal quelconque , par toute autre direction que par DC. Animées par deux forces, ces particules décriront, autour du centre C, des aires proportionnelles aux tems; et, en équilibrant leurs mouvemens, elles pourrons prendre une rotation circulaire horizontale.

Imaginons que, pendant ce tournoiement horizontal, la particule D, en s'approchant du centre C, comme par une spirale, décrive des orbites circulaires d'un diamètre diminué successivement; appelons v la vîtesse de rotation dans la particule D; r, sa distance au centre; t, le tems d'une révolution ; puisque les aires doivent être comme les tems, on aura à-peu-près $v = \dfrac{1}{r}$; $t = r^2$; et la force centrifuge de la particule D sera $= \dfrac{1}{r^3}$. En suivant, d'un œil attentif, les particules qui tournoient à la surface de l'entonnoir en MN, on voit réellement que ce qui a lieu à-peu-près dans la nature, est $t = r^2$. Puisque donc en s'approchant du centre C, la force centrifuge augmente comme $\dfrac{1}{r^3}$, elle parviendra à faire équilibre contre la pression supérieure SD, qui produit la force centripète DC; il se formera alors un creux KRT

H PV, autour duquel le tourbillon se soutiendra par la force centrifuge de sa rotation.

Soit la zone fluide circulaire $DQPR$, dont les particules tournoient autour du creux RP, selon la loi indiquée; il s'agit de déterminer la force centrifuge du filament fluide DR. Soit la gravité d'une particule fluide $=g$; $CR=a$; $RD=b$; $DX=z$; $XZ=dz$; la vîtesse de la particule $D=v$. Si la force centrifuge de la particule D étoit égale à sa gravité, sa vîtesse (par les théorêmes d'Huyghens) seroit due à la chûte produite par la gravité même dans l'espace $\dfrac{a+b}{2}$. Et, puisqu'un corps grave tombe dans $1''$, l'espace de 181 pouces $=S$; la vîtesse de la particule D, dans la même supposition, seroit $= \sqrt{(2S(a+b))}$. Dans le cercle la force centrifuge est comme v^2. Donc la force centrifuge de D sera réellement $= \dfrac{-v^2 g}{2S(a+b)}$. Et puisque la force centrifuge et $= \dfrac{1}{r^3}$; en faisant $\dfrac{1}{(a+b)^3}$:

$$\dfrac{1}{(a+b-z)^3} = \dfrac{-v^2 g}{2S(a+b)}$$: un quatrième terme, on aura la force centrifuge de l'élément de DX en X

$$= \dfrac{v^2 g (a+b)^2 \, dz}{2S(a+b-z)^3};$$ et celle du filament $DX = A$

$$+ \dfrac{v^2 g (a+b)^2}{4S(a+b-z)^2}.$$ Lorsque $z=0$, l'intégrale est

$=0$; donc $A=\dfrac{-v^2 g}{4S}$. En prenant $z=b$, la force

centrifuge du filament DR sera$=\dfrac{bgv^2}{4a^2 S}\left(2a+b\right)$.

La quantité bg est la gravité même du filament DR. Donc la gravité de ce filament est à sa force centrifuge $=v^2\left(2a+b\right):4a^2 S$.

Lorsque la zone fluide $DRPQ$, est plus près de l'ouverture EF, la pression SD augmente; il faut donc dans ce cas augmenter aussi la force centrifuge de la zone, en diminuant le rayon du creux RC. Nous pouvons, d'après cela, déterminer la nature de la courbe qui forme la section perpendiculaire de l'entonnoir KRT. Je suppose, pour plus de facilité, que les parois du vase aient la même forme MD que l'entonnoir, de manière que $DR=b$ soit constante. Nommons $AC=x$; $CR=y$. Substituons y au lieu de a dans la formule précédente. Et puisque la gravité du filament DR est à la gravité du filament $SD-b:x$, en composant les rapports, la force centrifuge du filament DR est à la pression $SD=bv^2\left(2y+b\right):$ $4xy^2 S$. Ces quantités doivent être égales pour se faire équilibre. On aura donc $xy^2-\dfrac{bv^2 y}{2S}-\dfrac{b^2 v^2}{4S}=0$

pour l'équation à la courbe KRT. C'est l'espèce 64eme des lignes du troisième ordre de Newton.

Elle tourne sa convexité à l'axe; elle a deux asymptotes, dont l'un est l'axe AF, l'autre est en MN, en supposant les deux points M, N éloignés à l'infini.

Si les suppositions de cette théorie ne coïncident pas tout-à-fait avec la nature, elles en sont très-proches. Non seulement il est possible, mais il existe dans la nature un tourbillon dont le creux tourne la convexité à l'axe, et dont $t = r^2$ à très-peu près, même suivant l'expérience.

Expér. XXVI. Qu'on débouche l'orifice EF, et qu'on imprime au fluide du réservoir un mouvement quelconque, indépendamment de celui que sa gravité et la pression des molécules ambiantes tendent à lui donner, le tournoiement commence toujours et se fait voir plus rapide dans les parties du fluide qui sont les plus proches du fond. La raison en est que le mouvement DB est plus convergent et plus sensible dans les parties qui approchent plus de l'orifice EF (2). C'est donc là que la force centripète DC produit son effet, plutôt que dans les parties supérieures. Celles-ci tombent ensuite dans l'entonnoir, qui commence à se former en bas; par cela même elles prennent aussi une force centripète, et l'entonnoir s'ouvre à une hau-

---

(1) Bernoulli. Hydrod. Sect. 4, § 3. Bossut, art. 427.

teur beaucoup plus grande que celle où l'on observe la convergence des filamens fluides vers l'orifice EF dans une eau assez tranquille.

Expér. XXVII. Placez, à la surface du fluide, quelque corps flottant, assez large, pour y empêcher la formation de l'entonnoir. Si le fluide est fort agité, l'entonnoir naît à la partie inférieure, et l'air s'y introduit par l'ouverture EF. Ainsi la pression de l'atmosphère sur la surface supérieure du fluide, n'est pas la cause du creux et de l'entonnoir; l'air n'y entre que parce qu'il trouve le creux formé par la force centrifuge.

Expér. XXVIII. Le fluide restant tranquille et sans tournoiemens, le vase se vide en 40″; s'il y a des tournoiemens, l'évacuation se fait en 50″, plus ou moins. On ne peut donc pas dire indéfiniment, que le tourbillon absorbe et entraîne les matières par l'ouverture EF, avec plus de force que s'il n'y avoit pas de tournoiemens.

Expér. XXIX. Versez une couche d'huile sur l'eau du vase; aussi-tôt que l'entonnoir se forme, l'huile s'y précipite; elle sort avant la majeure partie de l'eau inférieure qui la soutenoit. Les parties de l'huile participent moins à la rotation de l'eau inférieure; ayant moins de densité, elles s'écartent aussi de l'axe moins que l'eau; par conséquent elles sortent les premières, parce que se trouvant dans l'entonnoir, rien ne les y soutient plus.

Expér. XXX. Tout autre petit corps qui surnage à l'eau du vase, pourvu qu'il ait une très-petite dimension, agit de même que l'huile. Si le volume du même corps est un peu plus grand, tandis qu'il s'approche du creux pour y tomber, son extrémité, qui est vers l'axe de l'entonnoir, se trouve dans un endroit où la circulation est plus rapide. Cette rapidité de mouvement, imprimée à une extrémité du corps flottant, se transporte, par les loix mécaniques, sur son centre de gravité, qui est plus éloigné de l'axe, et se trouve dans un endroit où la circulation est plus lente. Par conséquent le corps s'éloigne du bord de l'enfoncement où il alloit tomber. Il y revient peu de tems après, il en est repoussé encore, et ainsi de suite, par des mouvemens alternatifs. Enfin si le corps qui surnage à la liqueur du vase après que l'entonnoir est formé, a un volume assez grand pour occuper toute la largeur de l'entonnoir, il le détruit dans sa partie supérieure, et quelquefois aussi dans l'inférieure. La raison en est, que le corps ne peut se tourner autour de son centre que suivant la loi de $v = r$; il détruit donc par le frottement la loi $v = \dfrac{1}{r}$ dans les parties du fluide qu'il a touchées; par conséquent il détruit l'entonnoir.

PROPOSITION

PROPOSITION XII.

La communication latérale du mouvement se fait dans l'air tout comme dans l'eau.

Le souffle du vent qui se meut au milieu d'un air tranquille, produit, autour du courant, de même que dans l'eau, des ondes et des tournoiemens. On peut les observer dans la fumée qui s'élève d'un foyer, et qui produit un aspect remarquable lorsqu'elle sort comme un arbre obscur d'un volcan agité. On les voit aussi sur la poudre qui voltige dans une chambre obscure, lorsqu'un rayon de soleil vient éclairer cette poudre, et qu'on y souffle à travers.

Si le vent général vient, par exemple, du sud, il arrive, bien des fois, que la côte d'une montagne, tournée au nord est frappée dans le même tems d'un vent du nord; ce vent partiel et local n'est que le tournant produit par l'obstacle de la montagne sur le vent principal du sud. C'est peut-être la même raison qui fait que le vent agit quelquefois en sens contraire sur les voiles d'un vaisseau, lorsqu'elles présentent trop d'obliquité à la direction du même vent.

La vapeur de l'eau qui sort de l'éolipile, entraîne avec elle de l'air ambiant, elle le pousse sur le

charbon ardent opposé au jet de la vapeur même.
Il ne faut donc pas conclure que c'est la vapeur
aqueuse qui, dans ce cas, se décompose et soutient la combustion du charbon.

Il est connu que les tuyaux de cheminée accé-
lèrent, par leur forme, l'ascension de la fumée;
nous en avons tiré quelque règle relative aux tuyaux
mêmes, dans la Prop. VII.

Dans les tuyaux d'orgue, l'air qui sort de la
lumière, rase latéralement l'extrémité de la colonne d'air renfermée dans le tuyau; il la rase de
côté dans le sens longitudinal, c'est comme une
lime élastique qui frotte sur une surface élastique.
Quoique la colonne d'air soit fluide, ses parties
sont cependant entrelacées de manière que le fré-
missement excité dans l'endroit frotté, se communique bientôt latéralement à toute l'épaisseur de la
colonne; elle en reçoit des vibrations telles qu'elles
soient en équilibre entr'elles et avec la vîtesse du
souffle frottant; pour cela, s'il le faut, la colonne se
divise par différens nœuds distribués dans la longueur du tuyau (1). C'est par des coups répétés
que le vent qui sort de la lumière parvient à imprimer à toute la colonne, contenue dans le tuyau,

---

(1) Mémoires de l'Acad. an. 1762, pag. 431.

un mouvement de vibration, plus grand que celui que les lois du choc et de la communication latérale lui permettroient de faire par une impulsion unique. Dans les jeux d'anche et autres instrumens analogues, la cause qui excite les frémissemens, n'agit point de côté sur l'air contenu dans le tuyau, elle le frappe directement au milieu ; par cette raison elle communique d'autant mieux ses vibrations à toute la masse.

Les autres conditions étant égales, la force du son qui se propage dans l'atmosphère, dépend de la grandeur de la tranche d'air qui est à l'extrémité du tuyau, et de l'amplitude des vibrations de cette tranche. C'est elle qui frappe l'atmosphère et lui communique des pulsations (1). Par cette raison les tuyaux coniques divergens rendent un son plus fort que les cylindriques, et ceux-ci le rendent plus fort que les tuyaux à fuseau ou à cheminée. La première cause du son qui agit à l'endroit de la bouche, ne parviendroit jamais d'elle-même à exciter dans l'atmosphère des pulsations aussi fortes qu'elle les excite, par la communication latérale, dans l'air d'un tuyau conique divergent. On sentira l'explication de ce phénomène, en observant :

----

(1) On sait que la matière des parois des tuyaux n'influe pas sensiblement sur leur son.

1°. que si l'on dispose plusieurs corps élastiques en progression, le premier imprime au dernier, par l'intermède des autres, plus de vitesse qu'il ne feroit par le choc immédiat. 2°. Les vibrations excitées dans le tuyau ont une certaine permanence qui leur permet de recevoir une augmentation de force par l'effet réuni des impulsions successives ; au lieu que dans l'atmosphère libre, chaque pulsation est passagère et isolée.

L'augmentation du son dans les porte-voix seroit-elle due en partie à la même cause de la communication latérale du mouvement, plutôt qu'à la seule réflexion des lignes sonores dans les parois du porte-voix même ?

J'appelle vibrations *résonnantes,* celles qui s'établissent dans un tuyau lorsqu'on y excite le son, et vibrations propagées ou *pulsations,* celles qui propagent le son dans l'atmosphère. J'ai déjà indiqué une différence qui me paroît avoir lieu entre ces deux espèces de vibrations; c'est que les premières ont une certaine permanence et connexion entr'elles, de manière que la précédente excite, soutient, renforce la suivante; tandis que les pulsations qui se succèdent dans l'atmosphère, par l'action répétée du corps résonnant, sont isolées et indépendantes les unes des autres.

Mais voici une autre différence, bien plus re-

marquable , entre ces deux espèces de vibrations.
Lorsqu'à l'extrémité du tuyau ABC *(fig. 2)*, il
se fait dans la tranche d'air BC une vibration *résonnante*, l'expérience nous apprend que cette vibration devient le centre des pulsations propagées
tout autour par PSQ. Car, de quelque côté que
nous nous mettions, en P ou en Q, nous entendons
le son du tuyau ABC presque autant qu'en S.
Mais lorsqu'il n'y a pas de tuyau, et que la vibration en CB est une *pulsation* simple, propagée
par l'atmosphère libre de A en B, dans ce cas la
pulsation ne se propage pas latéralement et com-
plètement jusqu'en P et en Q, comme la vibration
résonnante ; elle se contient presqu'entièrement
dans les limites BZ, CY, avec une divergence de
15 à 20 degrés. Ce fait a été contesté par plusieurs
physiciens; mais on ne peut plus le révoquer en
doute, puisque l'on sait que nous n'entendons l'é-
cho réfléchi d'une surface unie , qu'en nous met-
tant sur la ligne de la réflexion du son, ou peu loin
d'elle (1). Si la pulsation de l'écho étoit propagée tout autour , au-devant de la surface réfléchis-
sante, en partant de celle-ci comme d'un centre, ne
devroit-on pas entendre l'écho dans quelqu'endroit .

---

(1) Lambert. Mémoires de Berlin, an. 1763, p. 91.

que nous nous mettions, au-devant de la surface même? Il faut donc, pour les *pulsations* sonores propagées dans l'atmosphère, admettre les exceptions et les limites mêmes de la communication latérale du mouvement que nous avons indiquées, dans la proposition Iere. et dans la Veme., par rapport à l'eau.

ADDITION

Sur la veine contractée.

On a écrit beaucoup sur les directions convergentes, que prennent les particules du fluide contenu dans un vase, pour sortir d'une ouverture pratiquée dans les parois du vase même, et sur la forme de la veine contractée qui en résulte. Les réflexions et les expériences, que je vais présenter, pourront fournir quelque éclaircissement ultérieur là-dessus.

Je commencerai par défendre la doctrine fondamentale de l'hydraulique contre l'opinion d'un savant distingué par ses travaux et son zèle pour l'avancement de la science. C'est Lorgna, le fondateur de la Société Italienne; il prétend (1) que la veine contractée n'est autre chose qu'une continuation de la cataracte Newtonienne, et que la célérité du fluide jaillissant d'un orifice percé en mince parois, est bien moindre que celle d'un corps qui tombe de la hauteur de la charge.

Soit MD *(fig. 22)*, l'axe de la veine qui sort

______

(1) Mem. della società Italiana, vol. iv.

par B ; le rayon de l'orifice circulaire $BC = BD$ $= 1$; $MB = a$. Lorgna prétend, que $0,472 a =$ HB est la hauteur qui produiroit, dans un grave, la vîtesse de l'écoulement en BC ; il appuye cette proposition sur des calculs déduits de l'action mutuelle des particules du fluide contenu dans le vase. Mais après que nous avons vu, dans ce sujet même, échouer les efforts des plus grands géomètres, il faut nous défier de toutes ces démonstrations fondées sur des principes mécaniques, très-vrais en eux-mêmes, mais dont l'application à une infinité de corps qui se meuvent et se pressent en tout sens, devient extrêmement difficile, pour ne pas dire impossible. Voyons si la théorie de Lorgna est d'accord avec l'expérience. En supposant la vîtesse du fluide en B dûe à la hauteur $HB = 0,472\ a$, la vîtessse du même fluide en D sera augmentée en raison de $\sqrt{HB} : \sqrt{HD}$; et la veine en D sera contractée dans la même raison. Donc $DE =$

$$\sqrt[4]{\left(\frac{0,472 a}{1 + 0,472 a} \right)} ;$$ c'est la formule du conoïde hyperbolique de Newton. Si c'est-là la seule cause de la veine contractée, les dimensions de DE données par l'expérience, doivent s'y conformer à-peu-près. Or elles s'en éloignent de beaucoup, comme on peut voir par la table suivante.

Auteurs des expé- riences.	Valeur de DE trouvée par la mesure actuelle.	Valeur de DE calculée par la formule précédente.
Poleni (de Castellis § 35)...	0,79	0,97
Michelotti(Sperim. Idraul. tom. I, esper. 46; tom. II, esper. IV), ...	0,80	0,99
Bossut (Hydrodyn., article 437, expér V), . . .	0,818	0,99
Moi-même, avec 35 pouces de charge, et l'orifice circulaire horizontal de 18 lignes de diamètre,... .	0,798.	0,984.

Il est évident que la contraction de la veine trouvée par l'expérience, est incomparablement plus grande que celle qui peut être produite par l'accélération de gravité, même dans les jets descendans. Mais que dirons-nous des jets horizontaux et des ascendans, où certainement l'accélération de gravité n'a pas lieu, et cependant on observe que la contraction de la veine y est à-peu-près la même, que dans les descendans ? La contraction de la veine est donc toute autre chose que l'hyperboloïde Newtonien.

Voulant prouver que la veine n'a pas toute la vîtesse qui est dûe à la hauteur du fluide sur le centre de l'orifice, Lorgna rapporte les expériences de Kraft (1), qui ne sont pas appliquables

______

(1) Acta Petrop. vol. 8.

à la question, puisqu'elles sont faites avec des tuyaux cylindriques, et nous avons vu que ces tuyaux détruisent toujours une partie de la vîtesse dans le fluide; par conséquent nous ne pouvons en former une règle pour les orifices de mince paroi (1). Il ne veut pas que nous déterminions la vîtesse de jets verticaux ascendans par la hauteur à laquelle ils s'élancent, parce qu'il craint que ce ne soit l'eau suivante, dans le jet, qui pousse la précédente et la soutient jusques près de la hauteur de la charge. Cependant si l'on interrompt le jet tout d'un coup, les dernières portions du jet vont à la même hauteur que les précédentes, sans avoir au-dessous d'elles une colonne continuée de fluide qui les suive et les soutienne ; donc ces dernières portions ont reçu, en passant par l'orifice, toute la vîtesse qu'il leur falloit pour monter jusques près de la surface du fluide dans le réservoir.

Bornons-nous encore, si l'on veut, aux jets horizontaux ; l'expérience que j'ai rapportée, pour terme de comparaison, me paroît décisive. Sous la charge de 32,5 pouces, la verticale *PM (fig.* 1 *)*

---

(1) Torricelli même l'avoit remarqué à la page 168 de ses œuvres : « Quotiescumque autem aqua per tubum la-
» tentem decurrens per angustias transire debuerit, falsa
» omnia reperies ».

étant 54 pouces, l'horizontale *MN* a été toujours de 81,5 pouces; il n'y a que deux pouces de moins qu'il n'y auroit si le jet avoit et pouvoit conserver, dans le sens horizontal, jusqu'en *N* toute la vîtesse qu'un corps grave acquiert en tombant de la hauteur de 32,5 pouces. Le diamètre de la veine contractée étoit 14,3 lignes à très-peu près. Puisque la quantité de 81,5 pouces en *MN* suppose, dans la veine contractée, une vîtesse de 149,5 pouces par seconde; et celle-ci, multipliée par l'aire de la veine contractée même, donne la dépense des quatre pieds cubiques en 41″ de tems, qui est aussi le résultat de l'expérience. Ainsi nous avons trois mesures déterminées par l'expérience qui s'acordent et se confirment mutuellement; ce sont la quantité *MN*, la contraction de la veine et le tems de la dépense. Et puisque les quantités observées par Bossut, Michelotti et Poleni donnent à peu près les mêmes résultats, on ne peut plus révoquer en doute, 1°. que la contraction de la veine est à-peu-près 0,64 de l'orifice. 2°. Que la vîtesse de la veine contractée est presque la même que celle d'un corps grave qui tomberoit de la hauteur de la charge.

Ces deux principes d'expérience sont vrais, toutes les fois que l'orifice est assez petit à proportion de la section du réservoir, qu'il est en mince paroi, et que l'affluence intérieure des filamens fluides se fait d'une manière uniforme tout autour de l'orifice même. Mais qu'arrivera-t-il, si cette affluence intérieure vient à être modifiée d'une manière différente de l'ordinaire? Les expériences suivantes ont été faites dans l'intention de saisir quelqu'un des effets les plus remarquables de ces modifications particulières dans la direction des filamens fluides qui se pressent pour sortir de l'orifice.

Expér. XXXI. Dans l'orifice $ACBD$ *(fig.* 21*)*, les deux côtés A, B sont parallèles à l'horizon; les extrémités C, D sont arrondies, la largeur de cette fente est moins de deux lignes, sa longueur de 18 lignes, la charge 32,5 pouces. La section de la veine sortie de l'orifice prend d'abord la forme EF; ensuite les deux extrémités E, F se rapprochant de plus en plus pour regonfler le milieu, à 4,5 pouces de distance de l'orifice, la section de la veine a la forme quadrangulaire GH. D'après cela la veine s'étend dans le sens perpendiculaire en un large éventail KL.

J'ai répété l'expérience, en plaçant verticalement l'axe longitudinal de la fente CD; dans ce cas, les mêmes phénomènes se sont reproduits; EF est devenue verticale, et KL horizontale, en conservant, l'une et l'autre, leur forme.

Les filamens fluides, qui, en sortant de l'orifice, rasent les deux bords opposés A, B, sont très-proches entre eux ; étant convergens, ils tendent à se réunir à très-peu de distance de l'orifice même. Les filamens C, D sont plus éloignés, peut-être ils sont moins convergens ; ils ne peuvent se réunir qu'à une distance plus grande que les deux premiers. Il y a donc ici de quoi faire deux contractions, une plus proche, l'autre plus éloignée de l'orifice. Ces deux contractions se contre-balancent en partie, leur opposition mutuelle en porte l'effet GH à une distance cinq fois plus grande que celle de la veine contractée d'un orifice circulaire, qui ait pour diamètre la longueur de la fente.

Dans cette expérience, nous voyons la cause d'un phénomène qui avoit été observé, dans quelques cas particuliers, par Poleni et par d'autres, sans en donner l'explication. Dans tout orifice, de figure rectiligne en mince paroi, les angles de la veine contractée répondent aux côtés de l'orifice ; et, réciproquement. Lorsque l'orifice quadrangulaire a la situation $MNOP$, la plus grande contraction de la veine se fait plus loin que dans une ouverture circulaire ; elle prend la figure et la situation $QRST$. La raison en est que les angles opposés MP sont plus éloignés entre eux que les deux bords JV ; il arrive donc ici la même chose que dans la fente $ACBD$. De même l'orifice triangulaire dans la situation X, produit une contraction de la forme et de la situation Z, etc.

Expér. XXXII. L'orifice étant toujours la fente horizontale C D *(fig.* 21), l'endroit G H, le plus contracté de la veine, s'est trouvé distant de l'orifice, comme dans la table suivante.

Hauteur de la charge sur l'orifice C D.	Distance de la plus grande contraction G H.
pouces.	lignes.
32,5	53
18	48
10	40
6.	36.

La fente C D nous présente, dans une plus grande dimension, la distance de la veine contractée à l'orifice. Par ce moyen, la table précédente nous démontre, d'une manière bien sensible, que la contraction de la veine se fait à une distance plus grande dans les fortes charges, que dans celles qui ont peu de hauteur.

Expér. XXXIII. Au centre de l'orifice circulaire A B *(fig.* 23) de mince paroi, j'ai disposé, dans l'intérieur du réservoir, le cône de métal D G E, avec une partie cylindrique C F G D, de de manière que ce cône est mobile le long de l'axe J V, et son sommet E peut sortir plus ou moins de l'orifice A B, en s'approchant ou s'éloignant du point V. Les mesures en lignes sont $AB = 18$; J E

$=24$; $DG=27$; $CD=8$. Cet appareil a été appliqué à l'orifice P *(fig.* 1 *)*, la charge étant 32,5 pouces. Le résultat a été comme dans la table suivante :

Quantité EX, dont le sommet du cône sort de la ligne AB.	Distance de la veine contractée.	Distance de MN.	Tems de la dépense des 4 pi. cubiques.
lignes.	lignes.	pouces.	
11,1	9,1	76	85″
6,6	12,3	77,5	53″
0.	14	78,5	43″
Ayant ôté tout-à-fait le cône, ...	14,3.	81,5	41″.

Je me propose de répéter et de varier cette expérience, afin de parvenir à trouver la cause des phénomènes singuliers qu'elle présente.

Expér. XXXIV. L'orifice étoit un demi-cercle *(fig.* 24 *)*, ayant le diamètre AB de 11,2 lign.; j'ai appliqué dans l'intérieur du vase un plan QAB, perpendiculaire à la plaque de l'orifice, la ligne AB étoit perpendiculaire à l'horizon, la charge de 32,5 pouces. Le jet a dévié dans le sens horizontal sur PFG en s'éloignant de l'axe CE vers le côté du plan QP; l'angle FCE a été 9°,5, l'angle FCG de 36°. La section verticale du jet avoit la forme KL, de manière que la plus grande partie du jet se tient en F. Les quatre pieds cubiques d'eau sont sortis en 206″.

Les résultats de cette expérience sont analogues à ceux des expér. XXXI et XXXIII.

Expér. XXXV. Le cit. Borda, dans un mémoire très-intéressant (1), rapporte un phénomène
particulier, dont il a donné une démonstration
très-simple par le principe de l'égalité de pression
que les fluides exercent en tout sens. C'est que, si
l'on pousse l'extrémité du tuyau cylindrique dans
l'intérieur du réservoir, la contraction de la veine
y est plus grande, et la dépense moindre qu'en
appliquant le même tuyau au paroi du vase. J'ai
répété cette expérience, et j'y ai observé un résultat
analogue, dans les circonstances d'un tuyau cylindrique d'un bout à l'autre, comme l'auteur l'a em-
ployé, et en faisant sortir l'eau à plein tuyau. J'ai
ensuite donné au bout intérieur du tuyau la forme
A C (fig. 4*)* de la veine contractée ordinaire. Dans
ce cas il n'y avoit plus, entre les deux dépenses,
une différence bien remarquable, pour les deux
situations de tuyau. Car le bout *A C* étant poussé
dans l'intérieur du réservoir, le tuyau plein a fourni
en $81''$ la même quantité d'eau qu'il fournit en $80''$
lorsqu'on l'applique aux parois du vase. Il est à
présumer que si la partie *A C* eût pris parfaitement la figure de la veine contractée, la petite différence de $1''$ se seroit évanouie.

---

(1) Mémoires de l'Acad. an. 1766.

CONCLUSION DU RAPPORT

*Du Mémoire précédent, fait à la première Classe
de l'Institut National, par les cit. Bossut,
Coulomb et Prony.*

. . . .

Nous pensons, d'après ces considérations, que
la classe, en applaudissant aux travaux du citoyen
Venturi, doit l'engager à les publier, comme pou-
vant servir aux progrès de l'hydraulique.

Fait à l'Institut National, le 21 fructidor,
an V de la République.

       Signé, Bossut, Coulomb et Prony.

La classe approuve le rapport, et en adopte les
conclusions.

*Certifié conforme à l'original ; à Paris le 22
fructidor an V de la République Française.*

               B. G. É. L. Lacepede.

[illegible]

TABLE DES MATIÈRES.

Addition.

Fin de la table des matières.

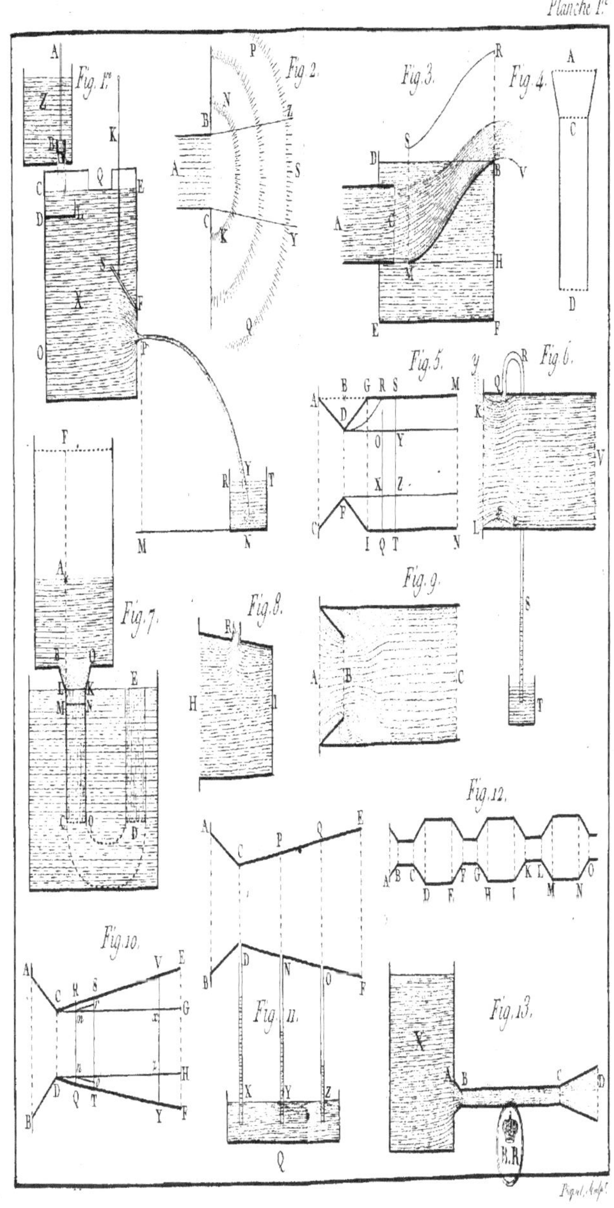
Fig. 1re
Fig. 2.
Fig. 3.
Fig. 4.
Fig. 5.
Fig. 6.
Fig. 7.
Fig. 8.
Fig. 9.
Fig. 10.
Fig. 11.
Fig. 12.
Fig. 13.

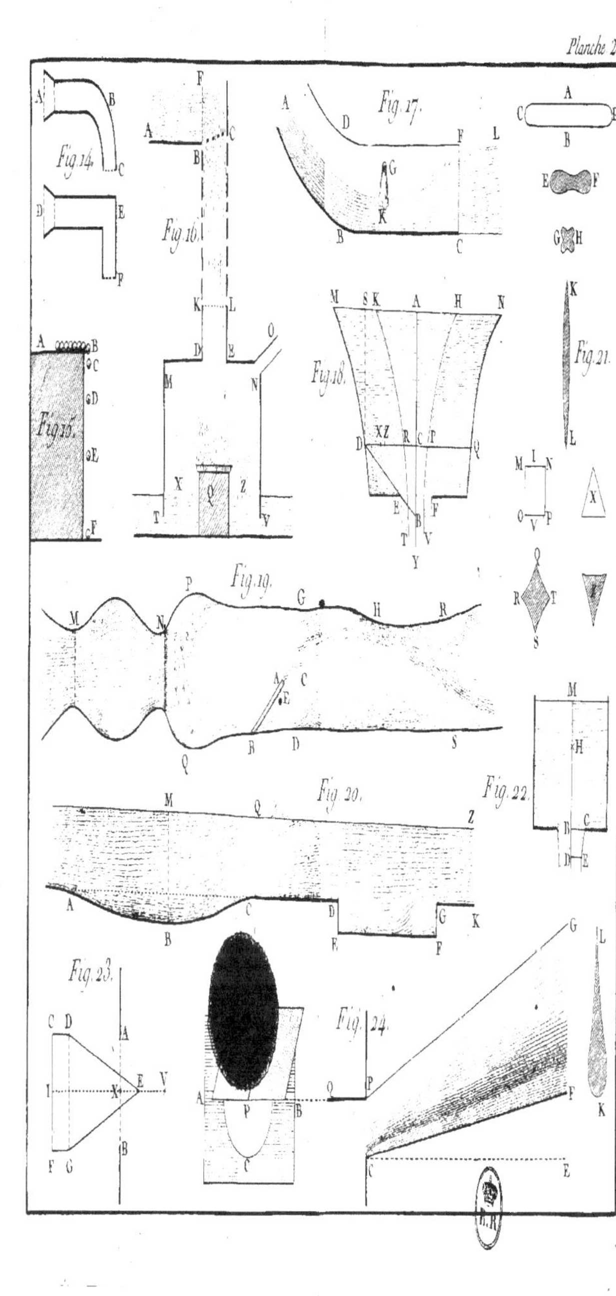
Fig. 14.
Fig. 15.
Fig. 16.
Fig. 17.
Fig. 18.
Fig. 19.
Fig. 20.
Fig. 21.
Fig. 22.
Fig. 23.
Fig. 24.